国家示范性建设院校课程改革成果教材

金属切削加工技术

主编　李会荣　殷雪艳

参编　李俊涛　郭　峰　王玉民

主审　黄雨田

西安电子科技大学出版社

内 容 简 介

    本书以典型零件切削加工为主线，详细介绍了从读图、技术条件分析到工艺工装选择与实施、设备操作和质量保障方面的知识应用，重点讲解了金属切削刀具、切削过程的规律理论、切削条件的合理选择等知识。全书共有五个项目，内容包括车削输出轴、尖齿铣刀铣削箱体结合面、钻削箱体孔、滚削圆柱齿轮和钻削枪管孔。

    本书可作为高职院校机械制造与自动化专业的教材，也可供工程技术人员参考。

图书在版编目(CIP)数据

金属切削加工技术 / 李会荣，殷雪艳主编. —西安：西安电子科技大学出版社，2017.2
ISBN 978–7–5606–4406–6

Ⅰ. ① 金… Ⅱ. ① 李… ② 殷… Ⅲ. ① 金属切削—加工工艺 Ⅳ. ① TG506

中国版本图书馆 CIP 数据核字(2017)第 014314 号

策　　划	云立实	
责任编辑	杨　瑶	
出版发行	西安电子科技大学出版社(西安市太白南路 2 号)	
电　　话	(029)88242885　88201467	邮　编　710071
网　　址	www.xduph.com	电子邮箱　xdupfxb001@163.com
经　　销	新华书店	
印刷单位	陕西华沐印刷科技有限责任公司	
版　　次	2017 年 2 月第 1 版　2017 年 2 月第 1 次印刷	
开　　本	787 毫米×1092 毫米　1/16　印张 13.5	
字　　数	316 千字	
印　　数	1～3000 册	
定　　价	25.00 元	

ISBN 978–7–5606–4406–6/TG

XDUP 4698001–1

＊＊＊ 如有印装问题可调换 ＊＊＊

本社图书封面为激光防伪覆膜，谨防盗版。

前　言

本书是陕西国防工业职业技术学院"国家示范骨干高职院校建设机械制造与自动化专业子项目"成果之一，是以就业为导向的能力本位职业教育新理念在专业课程体系建设过程中的一次实践。

本书主要有以下特点：

(1) 重点突出。本书重点介绍了回转零件的切削加工技术问题，从读图、技术条件分析到工艺工装选择与实施、设备操作和质量保障，既加强了先修课程内容，又突出了车削加工技能，而对其他切削加工方法则有较大的弱化。

(2) 项目集成。本书由五个制造项目组成。重视对学生能力的培养，也就是重视过程教学，而项目化是过程化和规范化的典范。本书将课程对知识和能力的需求巧妙地组织在五个不同的制造项目之中，并详细叙述了项目管理的规范和项目开展的路径，并把完成项目所需的专业知识以知识链接形式给出，供以后备查，对开发学生的自主学习习惯和终生学习的能力有积极的作用。

(3) 做学一体。本书共有五个项目、15 个任务，每个任务均包含任务描述、知识目标、能力目标、教学组织方法、教学过程和知识链接，融知识、学习于工作过程中。通过任务驱动，强化过程控制能力，实现基于工作过程的做学一体化。

(4) 繁简得当。本书以动力换挡变速器输出轴切削加工为主线，重点引出了金属切削刀具、切削过程规律理论、切削条件的合理选择等知识，而对其他标准刀具的选择等具体实践性内容及专用刀具的设计大胆删减，做到了繁简得当。

(5) 操作方便。每个项目由多个任务组成，每项任务的完成有规范的路径流程及监控，突出以学生为主，又避免了盲目无序。反复的任务完成过程，对学生的能力培养有举一反三的固化作用，而知识的隐含特点又符合人的寻知欲望，实现了学习过程中不知不觉的知识能力的长进，且学习过程易于操作。

本书由五个项目组成，项目 1 由殷雪艳编写，项目 2 由郭峰编写，项目 3 由李俊涛编写，项目 4、5 由李会荣编写，附录由王玉民设计，全书由李会荣统稿，由黄雨田审核，黄跃先等对全书提出了宝贵的意见，在此一并表示诚挚的感谢。

本书作为基于工作过程教学的"吃螃蟹式"教材改革的成果，虽经几番实践和经验总结，反复修改，但由于编者水平有限，不妥之处在所难免，恳请广大读者批评指正。

编　者
2017 年 1 月

目　录

项目 1　车削输出轴

【项目导入】

工作对象：图 1.1 所示为输出轴零件图，中批量生产。

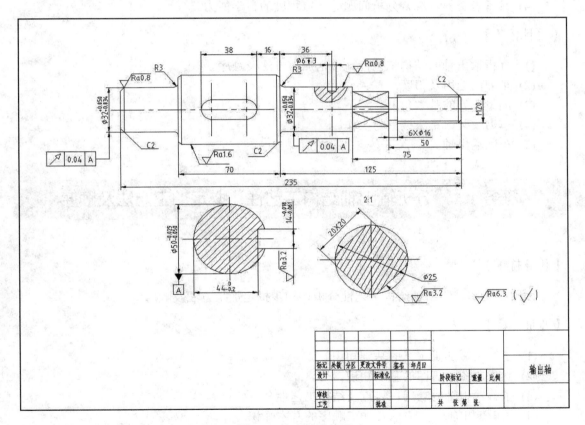

图 1.1　输出轴零件图

轴类零件是机器中的主要零件之一，它的主要功能是支承传动件(齿轮、带轮、离合器等)和传递转矩。本项目的主要内容是完成输出轴的车削加工，具体包括分析输出轴结构工艺性，拟定加工方法及顺序；车刀选用；刃磨及测量车刀的基本角度；安装车刀、调整车床并对刀；车削输出轴等五个任务单元。

【知识目标】

(1) 了解机械加工工艺的基础知识。
(2) 掌握切削运动及切削参数的概念。
(3) 掌握车刀的结构及基本角度的概念及标注。
(4) 掌握刀具常用材料及种类的基本知识。
(5) 掌握车削输出轴的安全知识。

【能力目标】

(1) 具备正确选用车刀、刃磨车刀、测量车刀和装刀的能力。
(2) 具备车削输出轴的能力。
(3) 具备车床操作与维护的能力。
(4) 具备查资料、综合分析问题等一定程度的自学能力。

【项目任务】

(1) 分析输出轴的结构工艺性，拟定加工方法及顺序。
(2) 车刀的选用及刃磨。
(3) 测量车刀的基本角度。
(4) 车刀安装、车床调整与操作。
(5) 车削输出轴。

任务 1.1　分析输出轴结构工艺性，拟定加工方法及顺序

【任务描述】

读图、识图、输出轴结构工艺性分析，初步拟定加工方法及顺序。

【知识目标】

(1) 了解机械加工工艺的基础知识。
(2) 熟悉制图、识图的基本知识。
(3) 了解输出轴的功用、特点及结构工艺性分析要点。
(4) 了解输出轴加工方法及加工顺序的基本知识。

【能力目标】

(1) 初步具备审核零件图的能力。
(2) 初步具备分析输出轴结构工艺性的能力。
(3) 初步具备拟定输出轴加工方法及顺序的能力。

【教学组织方法】

教学组织方法见表 1.1。

表 1.1　任务 1.1 教学组织方法

资　讯	1. 准备知识：零件结构工艺性分析； 2. 教学参考书：《机械制造工艺学》、《机械制造技术综合实训教程》、《公差配合与技术测量》； 3. 讲解知识要点和案例
计划与决策	1. 分组讨论，明确任务要求； 2. 编写任务实施计划和实施方案； 3. 讨论、分析实施计划的可行性(教师参与)，确定可行的实施计划和方案； 4. 按计划分配任务到每一个人
实施与检查	分组，按实施方案及计划步骤进行零件结构工艺性分析(教师指导)
评　估	1. 零件结构特点分析的准确性、正确性和全面性； 2. 零件结构工艺性评价的准确性

【教学过程】

1.1.1　资讯

(1) 明确任务要求：此输出轴的作用是传递力和力矩，材料是 45# 钢，中批量生产，根据这些条件，分析输出轴的结构工艺性，拟定加工方法及顺序。

(2) 准备知识：零件结构工艺性分析、毛坯及热处理、表面加工方法的选择。

(3) 教学参考书：《机械制造工艺学》、《机械制造技术综合实训教程》、《公差配合与技术测量》。

(4) 讲解知识要点和案例。

1.1.2　计划与决策

1. 计划

(1) 学生分组讨论，明确任务要求。

(2) 每组进行零件结构工艺性分析并拟定车削输出轴的多种加工方法及顺序。

2. 决策

确定一种分析零件结构工艺性及车削输出轴的加工方法及顺序的实施方案：

审核输出轴零件图→分析轴类零件的功用与结构特点→分析零件的技术要求→分析轴类零件的结构工艺性→拟定输出轴的加工方法及顺序。

1.1.3　任务实施

1．审核零件图

零件图画法正确、表达完整，技术要求合理。

2．分析零件功用与结构特点

功用：轴类零件主要起传递力和力矩的作用。

结构特点：

(1) 加工表面：3 段外圆柱面；1 段 M20 外螺纹面；四方面、$\phi6$ 孔、退刀槽和键槽各 1 个，其余为倒角和圆角。

(2) 加工刚性：$L/d=235/20=11.75<12$，为刚性较差轴。

3．分析零件技术要求

(1) 尺寸精度分析。两段外圆 $\phi32^{+0.05}_{+0.034}$ (r6)；外圆 $\phi50^{-0.025}_{-0.05}$ (f7)；键槽 $14^{-0.018}_{-0.061}$ (IT9)；20×20 四方面、$\phi6$ 孔、M20 外螺纹以及倒角为自由公差。

(2) 形位精度分析。两段外圆 $\phi32^{+0.05}_{+0.034}$ 轴对 $\phi50^{-0.025}_{-0.05}$ 轴线的圆跳动为 0.04。

(3) 表面粗糙度分析。两段 $\phi32^{+0.05}_{+0.034}$ 外圆柱面的 Ra 为 0.8 μm；$\phi50^{-0.025}_{-0.05}$ 外圆柱面的 Ra 为 1.6 μm；键槽 $14^{-0.018}_{-0.061}$ 和 20×20 四方面的 Ra 为 3.2 μm；其余表面的 Ra 为 6.3 μm。

4．分析轴结构工艺性

工艺性评价的经验性原则如下：

(1) 尺寸精度以 IT7 为参考，高于 IT7 时工艺性变差，低于 IT7 时工艺性变好；此外，还要考虑是包容面还是被包容面等因素。

(2) 形状和位置精度参考尺寸精度。

(3) 表面粗糙度 Ra 以 1.6 μm 为参考，小于、等于 1.6 μm 时工艺性变差，大于 1.6 μm 时工艺性变好；此外，还要考虑是包容面还是被包容面等因素。

(4) 加工要素的结构复杂程度及刚性等因素。

结论：该轴的结构工艺性较差。

5．拟定输出轴的加工方法及顺序

1) 表面加工方法

(1) 两段外圆 $\phi32^{+0.05}_{+0.034}$ (IT6，Ra 0.8 μm)：采用粗车(IT11，Ra 12.5 μm)→半精车(IT9，Ra 3.2 μm)→磨(IT6，Ra 0.8 μm)。

(2) 外圆 $\phi50^{-0.025}_{-0.05}$ (IT7，Ra 1.6 μm)：采用粗车(IT11，Ra 12.5 μm)→半精车(IT9，Ra 3.2 μm)→磨(IT7，Ra 1.6 μm)。

(3) M20 螺纹、$\phi25$ 外圆、退刀槽以及倒角为自由公差，选取 IT13 级，Ra 为 6.3 μm，采用粗车→半精车。

(4) $\phi6$ 孔为自由公差，选取 IT13 级，Ra 6.3 μm 采用钻孔的方法。

(5) 20×20 四方面和键槽 $14_{-0.061}^{-0.018}$ (IT9、Ra 3.2 μm)，采用铣削方法。

2) 加工顺序

锻造→正火→铣端面、钻中心孔→粗车外圆→半精车外圆、切槽、倒角→车螺纹→铣键槽→铣四方面→钻孔→磨削→去毛刺→清洗→检验→入库。

1.1.4 检查与考评

1．检查

(1) 学生自行检查工作任务的完成情况。

(2) 小组间互查，进行方案的技术性、经济性和可行性分析。

(3) 教师专查，进行点评，组织方案讨论。

(4) 针对问题进行修改，确定最优方案。

(5) 整理相关资料，归档。

2．考评

考核评价按表 1.2 中的项目和评分标准进行。

表 1.2 任务 1.1 考核评价表

序号	考核评价项目		考核内容	学生自检	小组互检	教师终检	配分	成绩
1	过程考核	专业能力	相关知识点的学习				50	
			能分析输出轴的结构工艺性					
			能拟定输出轴加工方法及顺序					
2		方法能力	信息搜集、自主学习、分析解决问题、归纳总结及创新能力				10	
3		社会能力	团队协作、沟通协调、语言表达能力及安全文明、质量保障意识				10	
4	常规考核		自学笔记				10	
5			课堂纪律				10	
6			回答问题				10	

【知识链接】

1.1.5 分析轴类零件的结构工艺性

1．轴类零件的功用与结构特点

轴类零件是机器中的主要零件之一，它的主要功能是支承传动件(齿轮、带轮、离合器等)和传递转矩。从轴类零件的结构特征来看，它们都是长度 L 大于直径 d 的旋转体零件，若 $L/d \leqslant 12$，通常称为刚性轴，而 $L/d > 12$ 则称为挠性轴，其加工表面主要有内外圆柱面、内外圆锥面、螺纹、花键、沟槽等。

2．轴类零件的技术要求

(1) 尺寸精度。轴类零件的支承轴颈一般与轴承配合，是轴类零件的主要表面，它影响轴的旋转精度与工作状态。通常对其尺寸精度要求较高，为 IT5～IT7，装配传动件的轴颈尺寸精度要求可低一些，为 IT6～IT9。

(2) 形状精度。轴类零件的形状精度主要是指支承轴颈的圆度、圆柱度，一般应将其限制在尺寸公差范围内，对精度要求高的轴，应在图样上标注其形状公差。

(3) 位置精度。保证配合轴颈(装配传动件的轴颈)相对支承轴颈(装配轴承的轴颈)的同轴度或跳动量，是轴类零件位置精度的普遍要求，它会影响传动件(齿轮等)的传动精度。普通精度轴的配合轴颈对支承轴颈的径向圆跳动一般规定为 0.01～0.03 mm，高精度轴为 0.001～0.005 mm。

(4) 表面粗糙度。一般与传动件相配合的轴颈的表面粗糙度 Ra 值为 2.5～0.63 μm，与轴承相配合的支承轴颈的表面粗糙度 Ra 值为 0.63～0.16 μm。

1.1.6　轴类零件的材料、毛坯及热处理

1．轴类零件的材料

轴类零件应根据不同工作条件和使用要求选用不同的材料和不同的热处理，以获得一定的强度、韧性和耐磨性。

45# 钢是一般轴类零件常用的材料，经过调质可得到较好的切削性能，而且能获得较高的强度和韧性等综合力学性能，重要表面经局部淬火后再回火，表面硬度可达 45～52HRC。40Cr 等合金结构钢适用于中等精度而转速较高的轴，这类钢经调质和表面淬火处理后，具有较高的综合力学性能。轴承钢 GCr15 和弹簧钢 65Mn 可制造较高精度的轴，这两类钢经调质和表面高频感应加热淬火后再回火，表面硬度可达 50～58HRC，并具有较高的耐疲劳性。对于在高转速、重载荷等条件下工作的轴，可选用 20CrMoTi、20Mn2B 等低碳合金钢或 38CrMoAl 中碳合金渗氮钢，低碳合金钢经正火和渗碳淬火处理后可获得很高的表面硬度和较软的芯部，因此耐冲击、韧性好，但缺点是热处理变形较大；而对于渗氮钢，由于渗氮温度比淬火低，经调质和表面渗氮后，变形很小而硬度却很高，具有很好的耐磨性和耐疲劳强度。

2．轴类零件的毛坯

轴类零件最常用的毛坯是圆棒料和锻件，只有某些大型或结构复杂的轴(如曲轴)，在质量允许时才采用铸件。由于毛坯经过加热锻造后，能使金属内部纤维组织沿表面均匀分布，可获得较高的抗拉、抗弯及抗扭，所以除光轴、直径相差不大的阶梯轴可使用热轧棒料或冷拉棒料外，一般比较重要的轴大都采用锻件，这样既可改变力学性能，又能节约材料、减少机械加工量。

根据生产规模的大小，毛坯的锻造方式有自由锻和模锻两种。自由锻设备简单，容易投产，但所锻毛坯精度较差，加工余量大且不易锻造形状复杂的毛坯，所以多用于中小批量生产；模锻的毛坯制造精度高、加工余量小、生产率高，可以锻造形状复杂的毛坯，但

模锻需昂贵的设备和专用锻模，所以只适用于大批量生产。

另外，对于一些大型轴类零件，例如低速船用柴油机曲轴，还可采用组合毛坯，即将轴预先分成几段毛坯，经各自锻造加工后，再采用纽套等过盈连接方法拼装成整体毛坯。

3. 轴类零件的热处理

轴的质量除与所选钢材种类有关外，还与热处理有关。轴的锻造毛坯在机械加工之前，均需进行正火或退火处理(碳的质量分数大于 0.7%的碳钢和合金钢)，使钢材的晶粒细化(或球化)，以消除锻造后的残余应力，降低毛坯硬度，改善切削加工性能。

凡要求局部表面淬火以提高耐磨性的轴，需在淬火前安排调质处理(有的采用正火)。当毛坯加工余量较大时，调质放在粗车之后、半精车之前，使粗加工产生的残余应力能在调质时消除；当毛坯余量较小时，调质可安排在粗车之前进行。表面淬火一般放在精加工之前，可保证淬火引起的局部变形在精加工中得到纠正。

对于精度要求较高的轴，在局部淬火和粗磨之后，还需安排低温时效处理，以消除淬火及磨削中产生的残余应力和残余奥氏体，控制尺寸稳定；对于整体淬火的精密主轴，在淬火粗磨后，要经过较长时间的低温时效处理；对于精度更高的主轴，在淬火之后，还要进行定性处理，定性处理一般采用冰冷处理方法，以进一步消除加工应力，保持主轴精度。

1.1.7 轴类零件表面加工方法的选择

轴类零件表面加工方法与加工的经济精度和经济表面粗糙度等因素有关，选择加工方法时常常根据经验或查表来确定，再根据实际情况或通过工艺试验进行修改。

各种加工方法所能达到的经济精度和经济表面粗糙度等级，以及各种典型表面的加工方法均已制成表格，在各种机械加工的手册中都能查到。表 1.3 摘录了外圆表面的加工方法及其经济精度和经济表面粗糙度，供选用时参考。

表 1.3 外圆柱面加工方法

序号	加工方法	经济精度(IT)	经济表面粗糙度 Ra/μm	适用范围
1	粗车	IT11～IT13	12.5～50	适用于淬火钢以外的各种金属
2	粗车→半精车	IT8～IT10	3.2～6.3	
3	粗车→半精车→精车	IT7～1T8	0.8～1.6	
4	粗车→半精车→精车→滚压(或抛光)	IT7～IT8	0.025～0.2	
5	粗车→半精车→磨削	IT7～IT8	0.4～0.8	主要用于淬火钢，也可用于未淬火钢，但不宜加工有色金属
6	粗车→半精车→粗磨→精磨	IT6～IT7	0.1～0.4	
7	粗车→半精车→粗磨→精磨→超精加工	IT5	0.012～0.1	
8	粗车→半精车→精车→精细车(金刚车)	IT6～IT7	0.025～0.4	主要用于要求较高的有色金属加工
9	粗车→半精车→粗磨→精磨→超精磨(或镜面磨)	IT5 以上	<0.05	极高精度的外圆加工
10	粗车→半精车→粗磨→精磨→研磨	IT5 以上	<0.1	

还需指出，经济精度的数值不是一成不变的，随着科学技术的发展、工艺的改进和设备及工艺装备的更新，加工经济精度会逐步提高。

任务 1.2　选用车刀

【任务描述】

根据输出轴的加工要求，正确选用车刀的种类及材料。

【知识目标】

(1) 掌握车削运动、车削用量、切削层参数的基本概念。
(2) 掌握车刀的种类及用途。
(3) 掌握车刀常用材料的类型及用途。

【能力目标】

能正确选用车刀的种类及材料。

【教学组织方法】

教学组织方法见表 1.4。

表 1.4　任务 1.2 教学组织方法

资　讯	1. 知识准备：见"知识链接"； 2. 教学参考书：《金属切削原理与刀具》、《金属加工实训》、《切削加工技术实训教程》； 3. 讲解知识要点、现场操作、观看视频、参观工厂
计划与决策	1. 分组讨论，明确任务要求； 2. 编写任务实施计划和实施方案； 3. 讨论、分析实施计划的可行性(教师参与)，确定可行的实施计划和方案； 4. 按计划分配任务到每一个人
实施与检查	分组，按实施方案及计划步骤进行车刀选用及刃磨(教师指导)
评　估	1. 正确标注车削运动、车削用量、切削层参数； 2. 正确选用车刀的种类及用途； 3. 正确选用车刀材料

【教学过程】

1.2.1　资讯

(1) 明确任务要求：此输出轴长径比约为 7，刚性一般，材料是 45# 钢，中批量生产，

90°阶梯轴，根据以上条件，正确选用车刀。

(2) 知识准备：车刀的种类及用途；车刀材料。

(3) 教学参考书：《金属切削原理与刀具》、《金属加工实训》、《切削加工技术实训教程》。

(4) 讲解知识要点、现场操作、观看视频、参观工厂。

1.2.2　计划与决策

1. 计划

(1) 学生分组讨论，明确任务要求。

(2) 每组制订选用车刀的多种实施方案。

2. 决策

确定一种车刀选用及刃磨的实施方案：选用加工设备→选用车刀。

1.2.3　任务实施

1. 选用加工设备

根据输出轴的加工要求，正确选择加工设备：根据输出轴的最大直径为 $\phi50$，再根据车床的加工范围及结构特点，选择 CA6140 车床。

2. 选用车刀

此输出轴材料为 45# 钢，L/d 比值约为 11.75，90° 的阶梯轴，两段 $\phi32^{+0.05}_{+0.034}$ (IT6，Ra 0.8 μm) 和 $\phi50^{-0.025}_{-0.05}$ (IT7，Ra 1.6 μm)外圆均采用粗车→半精车→磨削的加工方法，其余表面尺寸精度为自由公差，Ra 为 6.3 μm，采用粗车→半精车达到加工要求。根据以上分析和查阅《切削加工技术实训教程》中刀具的种类、材料及用途的相关知识，车刀的具体选择如下：

(1) 两处 $\phi32^{+0.05}_{+0.034}$ 和 $\phi50^{-0.025}_{-0.05}$ 外圆柱表面。

粗车选用：车刀类型(90° 外圆车刀、焊接式)；刀片材料(YT5)、刀片型号(A116)；刀杆材料(45# 钢)，刀杆截面形状选为矩形，断面 $B×H$ 中，B 为 16 mm，H 为 25 mm，长度为 150 mm。

半精车选用：车刀类型(90° 外圆车刀、焊接式)；刀片材料(YT15)、刀片型号(A116)；刀杆的结构和材料与粗车刀相同。

(2) $\phi25$、$\phi20$ 外圆表面。

采用粗车和半精车的加工方法。刀具选用与加工外圆柱表面时相同。

(3) M20 外螺纹面。

采用粗车和半精车的加工方法，刀具选用如下：

螺纹车刀：车刀类型(普通螺纹车刀、整体式)；刀具材料(高速钢 W6Mo5Cr4V2)。

(4) $6×\phi16$ 退刀槽。

切槽刀：车刀类型(切槽刀、整体式)；刀具材料(高速钢 W6Mo5Cr4V2)。

1.2.4 检查与考评

1．检查

(1) 学生自行检查工作任务的完成情况。

(2) 小组间互查，进行方案的技术性、经济性和可行性分析。

(3) 教师专查，进行点评，组织方案讨论。

(4) 针对问题进行修改，确定最优方案。

(5) 整理相关资料，归档。

2．考评

考核评价按表 1.5 中的项目和评分标准进行。

表 1.5 任务 1.2 考核评价表

序号	考核评价项目		考 核 内 容	学生自检	小组互检	教师终检	配分	成绩
1	过程考核	专业能力	相关知识点的学习				50	
			能正确选用车刀					
2		方法能力	信息搜集、自主学习、分析解决问题、归纳总结及创新能力				10	
3		社会能力	团队协作、沟通协调、语言表达能力及安全文明、质量保障意识				10	
4	常规考核		自学笔记				10	
5			课堂纪律				10	
6			回答问题				10	

【知识链接】

1.2.5 车削加工概述

车削加工是机械加工中最基本最常用的加工方法，是在车床上利用工件的旋转运动和刀具的移动来改变毛坯形状和尺寸，将其加工成所需零件的一种切削加工过程。它既可以加工金属材料，也可以加工塑料、橡胶、木材等非金属材料。车床在机械加工设备中占总数的 50%以上，是金属切削机床中数量最多的一种，适用于加工各种回转体表面，在现代机械加工中占有重要的地位。

1．车削加工的工艺范围

车床主要用于加工各种回转体表面(见图 1.2)，加工的尺寸公差等级为 IT11～IT6，表面粗糙度 Ra 值为 12.5～0.8 μm。尤其是对不宜磨削的有色金属进行精车加工可获得更高的尺寸精度和更小的表面粗糙度值。

车床的种类很多，其中应用最广泛的是卧式车床。

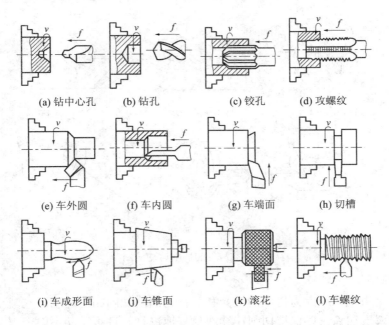

(a) 钻中心孔　　(b) 钻孔　　　(c) 铰孔　　　(d) 攻螺纹

(e) 车外圆　　(f) 车内圆　　(g) 车端面　　(h) 切槽

(i) 车成形面　　(j) 车锥面　　(k) 滚花　　(l) 车螺纹

图 1.2　普通车床所能加工的典型表面

2. 车削加工的特点

车削加工与其他切削加工方法比较有如下特点：

(1) 适应范围广。车削加工是加工不同材质、不同精度的各种具有回转表面的零件时不可缺少的工序。

(2) 容易保证零件各加工表面的位置精度。例如，在一次安装过程中加工零件各回转面时，可保证各加工表面的同轴度、平行度、垂直度等位置精度的要求。

(3) 生产成本低。车刀是刀具中最简单的一种，制造、刃磨和安装较方便。车床附件较多，生产准备时间短。

(4) 生产率较高。车削加工一般是等截面连续切削。因此，切削力变化小，较刨、铣等切削过程平稳。可选用较大的切削用量，生产率较高。

1.2.6　切削运动

1. 主运动

主运动是由机床或人力提供的刀具和工件之间的主要相对运动。它的速度最高，消耗功率最大。机床的主运动只有一个。主运动可以由工件，也可由刀具完成，图 1.3 所示的车削时的主运动是工件的旋转运动。此外，牛头刨床上刨刀的直线往复运动、铣床上铣刀的旋转运动、钻床上钻头的旋转运动、磨床上砂轮的旋转运动等，都是切削加工时的主运动。常见的切削运动简图如图 1.4 所示。

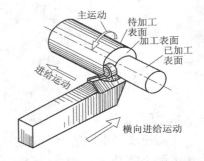

图 1.3　车削外圆时的切削运动和加工

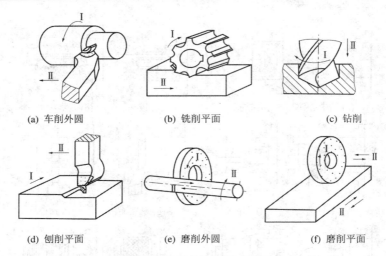

（a）车削外圆　　　　（b）铣削平面　　　　（c）钻削

（d）刨削平面　　　　（e）磨削外圆　　　　（f）磨削平面

图 1.4　常见的切削运动简图

2．进给运动

进给运动是由机床或人力提供的刀具和工件之间附加的相对运动。它配合主运动，不断地将多余金属层切除，以保持切削连续或反复地进行。进给运动不限于一个，可以是连续的，也可以是间歇运动，如图 1.3 所示车削时的纵向和横向进给运动。切削时工件上会形成三个不断变化的表面：

(1) 待加工表面：指即将被切除的表面。

(2) 过渡表面：指切削刃正在切削的表面。

(3) 已加工表面：指经切削形成的新表面。

1.2.7　切削用量三要素

切削用量是指切削速度、进给量和背吃刀量三者的总称(见图 1.5)，也是切削运动的定量描述。

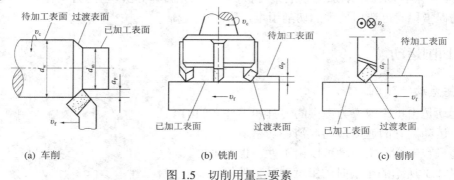

（a）车削　　　　　　（b）铣削　　　　　　（c）刨削

图 1.5　切削用量三要素

1．切削速度 v_c

切削速度是指切削刃上选定点相对于工件的主运动方向上的瞬时线速度。当主运动为旋转运动(如车削、铣削等)时，其切削速度为 v_c(单位为 m/min)：

$$v_c = \frac{\pi d_w n}{1000} \tag{1.1}$$

式中：d_w——完成主运动的工件或刀具的最大直径(单位为 mm)；

      n——主运动的转速(单位为 r/min)。

2. 进给量 f

进给量是指当主运动旋转一周时，刀具(或工件)沿进给方向上的位移量。进给量 f(单位 mm/r)和 f_z(每齿进给量)的大小反映了进给速度 v_f(单位为 mm/min)的大小，它们之间的关系为

$$v_f = nf = nf_z \tag{1.2}$$

3. 背吃刀量 a_p

背吃刀量 a_p(单位为 mm)是指车削时工件上待加工表面与已加工表面间的垂直距离：

$$a_p = \frac{d_w - d_m}{2} \tag{1.3}$$

式中：d_w——工件待加工表面的直径(单位为 mm)；

      d_m——工件已加工表面的直径(单位为 mm)。

4. 合成切削速度 v_e

在主运动与进给运动同时进行的情况下，切削刃上任一点的实际切削速度是它们的合成速度 v_e：

$$\vec{v}_e = \vec{v}_c + \vec{v}_f \tag{1.4}$$

1.2.8 切削层横剖面参数

切削层是指切削时刀具切过工件的一个单程所切除的工件材料层。切削层的金属被刀具切削后直接转变为切屑。切削层参数包括：切削层公称横截面积、切削层公称宽度、切削层公称厚度。

1. 切削层公称横截面积 A_D

A_D 简称为切削面积，是指在切削层尺寸平面里度量的横截面积。如图 1.6 所示，工件旋转一周，刀具从位置 I 移到 II，切下了 I 与 II 之间的工件材料层，$ABCD$ 称为切削层公称横截面积。

2. 切削层公称宽度 b_D

b_D 简称为切削宽度，是指平行于过渡表面度量的切削层尺寸。

3. 切削层公称厚度 h_D

h_D 简称为切削厚度，是指垂直于过渡表面度量的切削层尺寸。

h_D、b_D、A_D 的计算公式如下：

$$h_D = f \sin \kappa_r \tag{1.5}$$

$$b_D = \frac{a_p}{\sin \kappa_r} \tag{1.6}$$

$$A_D = a_p f = h_D b_D \tag{1.7}$$

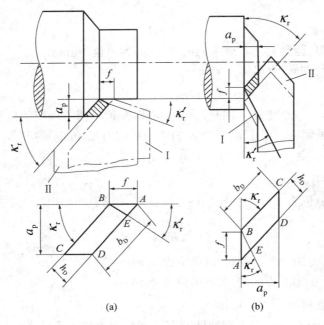

图 1.6 切削层参数

1.2.9 切削方式

切削方式是指加工时刀具相对工件的运动方式，包括直角切削和斜角切削、自由切削和非自由切削。

1. 直角切削和斜角切削

直角切削是指切削刃垂直于合成切削运动方向的切削方式，如图 1.7(a)所示。当采用直角切削时，刃倾角 $\lambda_s = 0°$，切屑流出方向在切削刃法平面内。斜角切削是指切削刃不垂直于合成切削运动方向的切削方式，如图 1.7(b)所示。当采用斜角切削时，刃倾角 $\lambda_s \neq 0°$，切屑流出方向不在切削刃法平面内。

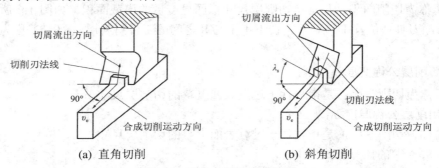

图 1.7 直角切削和斜角切削

2. 自由切削和非自由切削

自由切削是指只有一条直线切削刃参与切削的方式，其特点是切削刃上各点切屑流出方向一致，且金属变形发生在二维平面内。反之，若刀具上的切削刃为曲线或折线，或有几条切削刃(包括主切削刃和副切削刃)同时参加切削,并同时完成整个切削过程,这种切削称为非自由切削。它的主要特征是各切削刃交会处切下的金属互相影响和干涉,金属变形更为复杂,且发生在三维空间内。例如,外圆车刀切削时除主切削刃外,还有副切削刃同时参加切削,所以它属于非自由切削方式。

在实际生产中,切削方式通常多属于非自由切削。为了简化条件,常采用直角自由切削研究金属变形。

1.2.10 车刀的种类与用途

车刀的种类很多,分类方法也不同。常用的分类方法有以下几种:

1. 按用途分类

按用途分类,可将车刀分为外圆车刀、端面车刀、切断刀、内孔车刀、圆头车刀和螺纹车刀等类型(见图 1.8)。

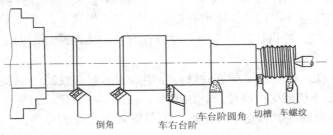

图 1.8 不同用途的车刀

90°车刀(偏刀)用于车削工件的外圆、台阶和端面;45°车刀(弯头刀)用于车削工件的外圆、端面和倒角;切断刀用于切断工件或在工件上切槽;内孔车刀用于车削工件的内孔;圆头车刀用于车削工件的圆角、圆槽或成形面;螺纹车刀用于车削螺纹。

2. 按刀具材料分类

按刀具材料分类,常用车刀有高速钢车刀、硬质合金车刀、陶瓷车刀、金刚石车刀、立方氮化硼车刀等,而高速钢和硬质合金是用得最多的车刀材料。

3. 按刀具结构形式分类

按结构形式分类,车刀可分为整体式、焊接式、机夹式、可转位式等,如图 1.9 所示,各自的用途见表 1.6。

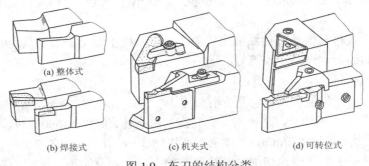

图 1.9 车刀的结构分类

表 1.6　车刀的结构类型、特点及用途

名　称	特　点	适 用 场 合
整体式	用整体高速钢制造，刃口可磨得较锋利	小型车床或加工非铁金属
焊接式	焊接硬质合金或高速钢刀片，结构紧凑，使用灵活	各类车刀，特别是小刀具
机夹式	避免了焊接产生的应力、裂纹等缺陷，刀杆利用率高；刀片可集中刃磨获得所需参数；使用灵活方便	外圆、端面、镗孔、切断、螺纹加工等
可转位式	避免了焊接刀的缺点，刀片可快换转位；生产率高；断屑稳定；可使用涂层刀片	大中型车床，加工外圆、端面、镗孔，特别适用于自动线、数控机床

1.2.11　刀具材料

1. 刀具材料应具备的性能

(1) 高硬度和良好的耐磨性。刀具材料的硬度必须高于被加工材料的硬度才能切下金属。一般刀具材料的硬度应在 60HRC 以上。刀具材料越硬，其耐磨性就越好。

(2) 足够的强度与冲击韧度。强度是指在切削力的作用下，不至于发生刀刃崩碎与刀杆折断所具备的性能。冲击韧度是指刀具材料在有冲击或间断切削的工作条件下，保证不崩刃的能力。

(3) 高的耐热性。耐热性又称红硬性，是衡量刀具材料性能的主要指标，它综合反映了刀具材料在高温下仍能保持高硬度、耐磨性、强度、抗氧化、抗黏结和抗扩散的能力。

(4) 良好的热物理性能和化学稳定性。刀具应具备良好的导热性、导电性及抗腐蚀、抗氧化能力。

(5) 较好的工艺性与经济性。工具钢应有较好的热处理工艺性；淬火变形小、淬透层深、脱碳层浅。此外，在满足以上性能要求时，宜尽可能满足资源丰富、价格低廉的要求。

2. 常用刀具材料

目前，车刀广泛应用硬质合金刀具材料，在某些情况下也应用高速钢刀具材料。

1) 碳素工具钢与合金工具钢

碳素工具钢是含碳量最高的钢，如 T8、T10A。碳素工具钢淬火后具有较高的硬度，而且价格低廉。但这种材料的耐热性较差，当温度达到 200℃时，即失去它原有的硬度，并且淬火时容易产生变形和裂纹。

合金工具钢是在碳素工具钢中加入少量的 Cr、W、Mn、Si 等合金元素形成的刀具材料(如 9SiCr)。由于合金元素的加入，与碳素工具钢相比，其热处理变形有所减小，耐热性也有所提高。

以上两种刀具材料因其耐热性都比较差，所以常用于制造手工工具和一些形状较简单的低速刀具，如锉刀、锯条、铰刀等。

2) 高速钢

高速钢又称为锋钢或风钢，它是含有较多 W、Cr、Mo、V 合金元素的高合金工具钢，如 W18Cr4V。与工具钢相比，高速钢具有较高的耐热性，温度达 600℃时，仍能正常切削，其许用切削速度为 30～50 m/min，是碳素工具钢的 5～6 倍，而且它的强度、韧性和工艺性都较好，可广泛用于制造中速切削及形状复杂的刀具，如麻花钻、铣刀、拉刀、各种齿轮

加工工具。表 1.7 所示为常用高速钢的牌号与性能。

表 1.7　常用高速钢的牌号与性能

类别		牌号	硬度 HRC	抗弯强度 /Gpa	冲击韧度	高温硬度(600℃)/HRC	磨削性能
普通高速钢		W18Cr4V	62～66	≈3.34	0.294	48.5	好，普通刚玉砂轮能磨
		W6Mo5Cr4V2	62～66	≈4.6	≈0.5	47～48	较 W18Cr4 差一些，普通刚玉砂轮能磨
		W14Cr4VMn-RE	64～66	≈4	≈0.25	48.5	好，与 W18Cr4V 相近
高性能高速钢	高碳高钒	9W18Cr4V	67～68	≈3	≈0.2	51	好，普通刚玉砂轮能磨
		W12Cr4V4 Mo	63～66	≈3.2	≈0.25	51	差
	超硬高速钢	W6Mo5Cr4V2Al	68～69	≈3.43	≈0.3	55	较 W18Cr4 差一些
		W10Mo4Cr4V3Al	68～69	≈3	≈0.25	54	较差
		W6Mo5Cr4V5SiNbAl	66～68	≈3.6	≈0.27	51	差
		W12Cr4V3Mo3Co5Si	69～70	≈2.5	≈0.11	54	差
		W2Mo9Cr4VCo8(M42)	66～70	≈2.75	≈0.25	55	好，普通刚玉砂轮能磨

3) 硬质合金

硬质合金是由高硬度的难熔金属碳化物(如 WC、TiC、TaC、NbC 等)和金属黏结剂(如 Co、Ni 等)经粉末冶金方法制成的。由于硬质合金中所含难熔金属碳化物远远超过了高速钢，因此其硬度，特别是高温硬度、耐磨性、耐热性都高于高速钢，硬质合金的常温硬度可达 89～93HRA(高速钢为 83～86HRA)，耐热温度可达 800～1000℃。在相同耐用度下，硬质合金刀具的切削速度比高速钢刀具提高了 4～10 倍，它是高速切削的主要刀具材料。但硬质合金较脆，抗弯强度低，仅是高速钢的 1/3 左右，韧性也很低，仅是高速钢的十分之一至几十分之一。目前，硬质合金大量应用在刚性好、刃形简单的高速切削刀具上，随着技术的进步，复杂刀具也在逐步扩大其应用。

按 GB/T 2075—2007(参照采用 ISO 标准)，可将硬质合金分为 P、M、K 三类。

(1) P 类硬质合金：主要成分为 Wc+Tic+Co，用蓝色作标志，相当于原钨钛钴类(YT)，主要用于加工长切屑的黑色金属，如钢类等塑性材料。此类硬质合金的硬度、耐磨性、耐热性(900℃)及抗黏结性能好，而抗弯强度及韧性较差。

(2) M 类硬质合金：主要成分为 Wc+Tic+Tac(Nbc)+Co，用黄色作标志，又称通用硬质合金，相当于原钨钛钽类通用合金(YW)，主要用于加工黑色金属和有色金属。此类硬质合金的耐热性为 1000～1100℃。

(3) K 类硬质合金：主要成分为 Wc+Co，用红色作标志，又称通用硬质合金，相当于原钨钴(YG)，主要用于加工短切屑的黑色金属(如铸铁)、有色金属和非金属材料，也适于加工不锈钢、高温合金、钛合金等难加工材料，因为此类硬质合金有较好的抗弯强度和冲击韧性以及较高的导热系数。此类硬质合金的耐热性为 800℃，具备良好的综合性能。

硬质合金的分类、牌号、性能和主要用途见表 1.8。

表 1.8 常用硬质合金牌号与性能

类型	牌号	成分/(%)					物理力学性能				使用性能			对应 GB/T 2075—2007		
		w(WC)	w(TiC)	w(TaC)/w(NbC)	w(Co)	w(其他)	密度/(g/cm³)	热导率 k /(W·m⁻¹·K⁻¹)	硬度/HRA(HRC)	抗弯强度/Gpa	加工材料类别	耐磨性/切削速度	切削性能/进给量	颜色	代号	牌号
钨钴类	YG3	97	—	—	3	—	14.9~15.3	87	91(78)	1.2	短切屑的黑色金属；非铁金属；非金属材料	↑↑	↑↑	红	K 类	K01
	YG6X	93.5	—	0.5	6	—	14.6~15	75.55	91(78)	1.4						K10
	YG6	94	—	—	6	—	14.6~15	75.55	89.5(75)	1.42						K20
	YG8	92	—	—	8	—	14.5~14.9	75.36	89(74)	1.5						K3
钨钛钴类	YT30	66	30	—	4	—	9.3~9.7	20.93	92.5(80.5)	0.9	长切屑的黑色金属	↑↑	↑↑	蓝	P 类	P01
	YT15	79	15	—	6	—	11~11.7	33.49	91(78)	1.15						P10
	YT14	78	14	—	8	—	11.2~12	33.49	90.5(77)	1.2						P20
	YT5	85	5	—	10	—	12.5~13.2	62.8	89(74)	1.4						P30
添加钽、铌类	YG6A	91	—	3	6	—	14.6~15	—	91.5(79)	1.4	长或短切屑的黑色金属；有色金属	—	—	红	K 类	K10
	YG8N	91	—	1	8	—	14.5~14.9	—	89.5(75)	1.5						K20
	YW1	84	6	4	6	—	12.8~13.3	—	91.5(79)	1.2				黄	M 类	M10
	YW2	82	6	4	8	—	12.6~13	—	90.5(77)	1.35						M20
碳化钛基类	YN05	—	79	—	—	Ni17 Mo14	5.56	—	93.3(82)	0.9	长切屑的黑色金属	—	—	蓝	P 类	P01
	YN15	15	62	1	—	Ni12 Mo10	6.3	—	92(80)	1.1						P01

注：Y—硬质合金；G—钴；X—细颗粒合金；C—粗颗粒合金；A—含TaC(NbC)的YG类合金；W—通用合金；N—不含钴，用镍作粘接剂的合金。

4) 其他刀具材料

(1) 陶瓷。陶瓷的硬度可达到 91～95HRA，耐磨性好，耐热温度可达 1200℃(此时硬度为 80HRA)，它的化学稳定性好，抗黏结能力强，但它的抗弯强度很低，仅有 0.7～0.9 GPa，故陶瓷刀具一般用于高硬度材料的精加工。

(2) 人造金刚石。人造金刚石的硬度很高，其显微硬度可达 10 000HV，是除天然金刚石之外最硬的物质，它的耐磨性极好，与金属的摩擦系数很小；但它的耐热温度较低，在 700～800℃时易脱碳，失去其硬度；它与铁族金属亲合作用大，故人造金刚石多用于对有色金属及非金属材料的超精加工以及作磨具磨料用。

(3) 立方氮化硼(CBN)。立方氮化硼是由六方氮化硼(白石墨)在高温高压下转化而成的，是 20 世纪 70 年代发展起来的新型刀具材料。其显微硬度可达 3500～4500HV，仅次于金刚石。它的化学稳定性好，耐热温度可达 1300℃，抗黏结能力强，抗弯强度与断裂韧性介于硬质合金和陶瓷之间，故 CBN 刀具能对淬硬钢、冷硬铸铁进行粗加工与半精加工，同时还能高速切削高温合金、热喷涂材料等难加工材料。

任务 1.3　　刃磨并测量车刀的基本角度

【任务描述】

测量车刀基本角度。

【知识目标】

(1) 掌握车刀组成的相关知识。
(2) 掌握参考系及车刀基本角度的定义。
(3) 掌握车刀几何角度选择的相关知识。
(4) 掌握刃磨车刀实训要求和注意事项。

【能力目标】

(1) 能正确选用车刀的基本角度。
(2) 能熟练刃磨车刀。
(3) 能正确测量 90°外圆车刀、45°外圆车刀及切槽刀的基本角度。

【教学组织方法】

教学组织方法见表 1.9。

表 1.9　任务 1.3 教学组织方法

资　　讯	1. 知识准备：见"知识链接"； 2. 教学参考书：《金属切削原理与刀具》、《金属加工实训》、《金属切削原理与刀具实训教程》； 3. 讲解知识要点、现场操作、观看视频、参观工厂
计划与决策	1. 分组讨论，明确任务要求； 2. 编写任务实施计划和实施方案； 3. 讨论、分析实施计划的可行性(教师参与)，确定可行的实施计划和方案； 4. 按计划分配任务到每一个人
实施与检查	分组，按实施方案及计划步骤进行刃磨并测量车刀的基本角度(教师指导)
评　　估	学生和老师填写考核单，收集任务单，对小组及个人进行综合评价，提出修改意见及注意事项

【教学过程】

1.3.1　资讯

(1) 明确任务要求：正确刃磨并测量 90°外圆车刀、45°外圆车刀及切槽刀的基本角度。

(2) 知识准备：车刀的结构、基本角度的定义及标注；选用车刀、刃磨车刀并测量车刀的基本角度。

(3) 教学参考书：《金属切削原理与刀具》、《金属加工实训》、《金属切削原理与刀具实训教程》。

(4) 讲解知识要点、现场操作、观看视频、参观工厂。

1.3.2　计划与决策

1. 计划

(1) 学生分组讨论，明确任务要求。

(2) 每组制订刃磨并测量 90°外圆车刀、45°外圆车刀及切槽刀基本角度的多种实施方案。

2. 决策

确定一种刃磨并测量 90°外圆车刀、45°外圆车刀及切槽刀基本角度的实施方案：合理选用车刀的几何角度→刃磨车刀→测量车刀的六个基本角度。

1.3.3　任务实施

1. 合理选用车刀的几何角度

1) 车刀基本角度的定义及标注

刀具角度是确定刀具切削部分几何形状的重要参数。用于定义和规定刀具角度的各基准坐标平面称为参考系。参考系包括静止参考系和工作参考系。

静止参考系分为正交平面参考系、法平面参考系、假定工作平面参考系。

正交平面参考系是最基本的参考系，它包括六个基本角度(前角、后角、副后角、主偏角、副偏角、刃倾角)。

2) 合理选用车刀的几何角度

根据 1.3.6 小节中的相关知识合理选择粗车刀、半精车刀的几何角度。

粗车刀选用：前角(10°)、后角(6°)、副后角(6°)、主偏角(90°)、副偏角(15°)、刃倾角(−5°)。

半精车刀选用：前角(20°)、后角(10°)、副后角(10°)、主偏角(90°)、副偏角(15°)、刃倾角(5°)。

2．刃磨

刃磨车刀的步骤及方法参考 1.3.7 小节中的相关知识，并进行实际刃磨练习。

3．测量车刀的基本角度

正确使用角度测量仪测量刃磨后车刀的六个基本角度(操作知识见《金属切削原理与刀具实训教程》中的相关内容)。

1.3.4　检查与考评

1．检查

(1) 学生自行检查工作任务的完成情况。
(2) 小组间互查，进行方案的技术性、经济性和可行性分析。
(3) 教师专查，进行点评，组织方案讨论。
(4) 针对问题进行修改，确定最优方案。
(5) 整理相关资料，归档。

2．考评

考核评价按表 1.10 中的项目和评分标准进行。

表 1.10　任务 1.3 考核评价表

序号	考核评价项目		考核内容	学生自检	小组互检	教师终检	配分	成绩
1	过程考核	专业能力	相关知识点的学习 能正确刃磨车刀 能正确测量车刀的基本角度				50	
2		方法能力	信息搜集、自主学习、分析解决问题、归纳总结及创新能力				10	
3		社会能力	团队协作、沟通协调、语言表达能力及安全文明、质量保障意识				10	
4	常规考核		自学笔记				10	
5			课堂纪律				10	
6			回答问题				10	

【知识链接】

1.3.5　车刀几何角度的标注

1. 刀具的组成

如图 1.10 所示，车刀由刀头和刀柄两部分组成。刀头包括三面(前刀面、后刀面、副后刀面)、两刃(主切削刃、副切削刃)和刀尖(修圆刀尖、倒角刀尖)，用于切削。

1) 刀面

(1) 前面(前刀面)A_γ：刀具上切屑流过的表面。

(2) 后面(后刀面)A_α：与过渡表面相对的表面。

(3) 副后面(副后刀面) A_α'：与已加工表面相对的表面。

前面与后面之间所包含的刀具实体部分称为刀楔。

2) 切削刃

(1) 主切削刃 S：前、后面交汇的边缘。它完成主要的切削工作。

(2) 副切削刃 S'：切削刃上除主切削刃以外的刀刃。它配合主切削刃完成切削工作，并最终形成已加工表面。

3) 刀尖

主、副切削刃交汇的一小段切削刃称为刀尖。由于切削刃不可能刃磨得很锋利，总有一些刃口圆弧。为了改善刀尖的切削性能，常将刀尖做成修圆刀尖或倒角刀尖，如图 1.11 所示。

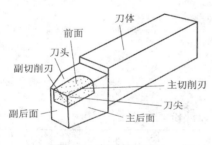

图 1.10　车刀的组成

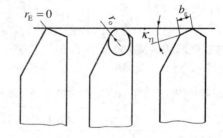

图 1.11　刀尖形状

刀柄用于装夹，截面形状为矩形、正方形或圆形，一般选用矩形，其高度 *H* 根据机床中心高选择，如表 1.11 所示。当刀柄高度尺寸受到限制时，可加宽为正方形，以提高刚性。刀柄的长度一般为其高度的 6 倍。切断车刀工作部分的长度应大于工件的半径。对于内孔车刀的刀柄，其工作部分的截面一般做成圆形，长度大于工件孔深。

表 1.11　常用车刀刀柄截面尺寸

机床中心高	150	180~200	260~300	350~400
正方形刀柄断面 H^2	16^2	20^2	25^2	30^2
矩形刀柄断面 $B \times H$	12×20	16×25	20×30	25×40

　　其他各类刀具，如刨刀、钻头、铣刀等，都可看做是车刀的演变和组合。如图 1.12 所示，刨刀切削部分的形状与车刀相同(见图 1.12(a))；钻头可看做是两把一正一反并在一起同时车削孔壁的车刀，因而有两个主切削刃、两个副切削刃，还增加了一个横刃(见图1.12(b))；铣刀可看做由多把车刀组合而成的复合刀具，其每一个刀齿相当于一把车刀(见图1.12(c))。

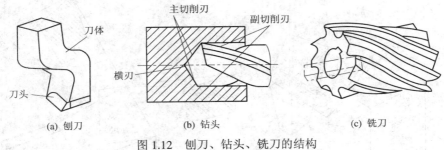

(a) 刨刀　　　　　　　　(b) 钻头　　　　　　　　(c) 铣刀

图 1.12　刨刀、钻头、铣刀的结构

2. 刀具基本角度的标注

　　刀具角度是确定刀具切削部分几何形状的重要参数。用于定义和规定刀具角度的各基准坐标平面称为参考系。

　　刀具静止参考系是刀具设计时标注、刃磨和测量的基准，以此定义的刀具角度称为刀具标注角度。

　　刀具工作参考系是确定刀具切削工作时角度的基准，以此定义的刀具角度称为刀具工作角度。

　　1) 正交平面参考系及基本标注角度

　　(1) 正交平面参考系(见图 1.13)。

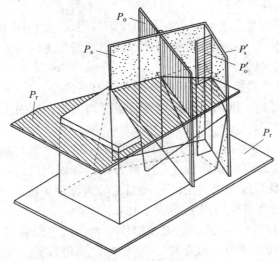

图 1.13　正交平面参考系

　　① 基面 P_r：过切削刃选定点平行或垂直于刀具上的安装面(轴线)的平面，车刀的基面可理解为平行于刀具底面的平面。

② 切削平面 P_s：过切削刃选定点与切削刃相切并垂直于基面的平面。

③ 正交平面 P_o：过切削刃选定点同时垂直于切削平面与基面的平面。在图 1.14 中，过主切削刃某一点 x 或副切削刃某一点 x' (图中未标示)都可建立正交参考系平面，副切削刃与主切削刃的基面是同一个。

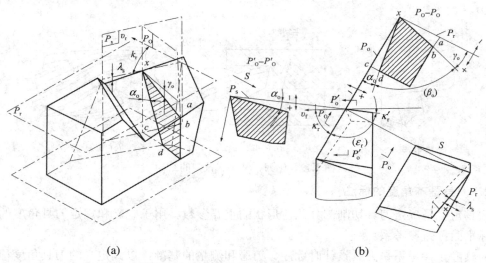

图 1.14　正交平面参考系的刀具角度

(2) 正交平面参考系标注的角度(见图 1.14)。

在正交平面 P_o 内定义的角度有：

① 前角 γ_o。前角是指前刀面与基面之间的夹角。前角表示前刀面的倾斜程度。

② 后角 α_o。后角是指主后刀面与切削平面之间的夹角。后角表示主后刀面的倾斜程度。

在基面 P_r 内定义的角度有：

③ 主偏角 κ_r。主偏角是指主切削刃在基面投影与假定进给方向的夹角。

④ 副偏角 κ_r'。副偏角是指副切削刃在基面投影与假定进给反方向的夹角。

在切削平面 P_s 内定义的角度有：

⑤ 刃倾角 λ_s。刃倾角是指主切削刃与基面之间的夹角。

在副正交平面 P_o' (过副切削刃上选定点垂直于副切削刃在基面上投影的平面)内定义的角度有：

⑥ 副后角 α_o'。副后角是指副后刀面与副切削平面 P_s' (过副切削刃上选定点的切线垂直于基面的平面)之间的夹角。副后角表示副后刀面的倾斜程度，一般情况下为正值，且 $\alpha_o' = \alpha_o$。其他常用的刀具角度如刀尖角 ε_r、楔角 β_o 等为派生角度。

(3) 前、后角及刃倾角正负的判定(见图 1.15)。

① 前、后角正负的判定。若前、后刀面都位于 P_r、P_s 组成的直角平面系之内时，前、后角都为正值；反之，则为负值。前面与 P_r 重合时，前角为零；后面与 P_s 重合时，后角为零。

② 刃倾角正负的判定。刀尖相对车刀的底平面处于最高点时，刃倾角为正；刀尖相对车刀的底平面处于最低点时，刃倾角为负；切削刃与基面平行时，刃倾角为零。

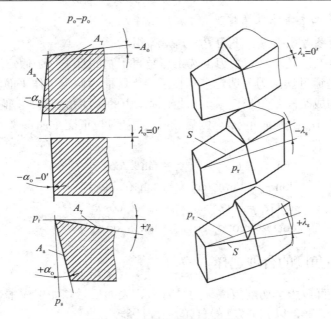

图 1.15　刀具角度正负的判定

2) **法平面参考系及角度**

法平面参考系由 P_r、P_s、P_n 三个平面组成，见图 1.16，其中法平面 P_n 过切削刃某选定点并垂直于切削刃的平面。

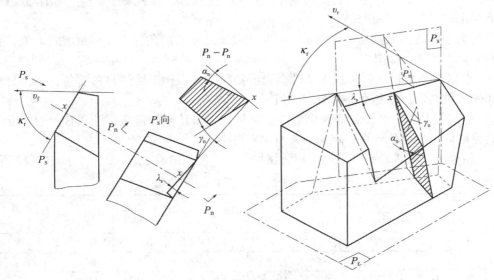

图 1.16　法平面参考系的刀具角度

当刀具刃倾角较大时，常用法平面内前角（γ_n）、后角（α_n）代替正交平面的前、后角。

法平面参考系中刀具角度与正交平面参考系中刀具角度的换算公式如下：

$$\tan \gamma_n = \tan \gamma_o \cos \lambda_s \tag{1.8}$$

$$\cot \alpha_n = \cot \alpha_o \cos \lambda_s \tag{1.9}$$

3) 假定工作平面参考系及角度

假定工作平面参考系由三个平面 P_r、P_f、P_p 组成。

假定工作平面 P_f：是通过切削刃上选定点垂直于基面且平行于假定进给方向的平面。

背平面 P_p：是通过切削刃上选定点垂直于该点基面和假定工作平面的平面。

P_r、P_f、P_p 也构成空间直角坐标系。在此坐标系中的标注角度有：主偏角 κ_r、副偏角 κ_r'；背前角 γ_p、背后角 α_p；侧前角 γ_f、侧后角 α_f。它们与正交平面参考系中刀具角度的关系为

$$\tan \gamma_f = \tan \gamma_o \sin \kappa_r - \tan \lambda_s \cos \kappa_r \tag{1.10}$$
$$\tan \gamma_p = \tan \gamma_o \cos \kappa_r + \tan \lambda_s \sin \kappa_r \tag{1.11}$$
$$\cot \alpha_f = \cot \alpha_o \sin \kappa_r - \tan \lambda_s \cos \kappa_r \tag{1.12}$$
$$\cot \alpha_p = \cot \alpha_o \cos \kappa_r + \tan \lambda_s \sin \kappa_r \tag{1.13}$$

1.3.6 刀具几何角度的合理选择

刀具几何角度直接影响切削效率、刀具寿命、表面质量和加工成本。因此必须重视刀具几何参数的合理选择，以充分发挥刀具的切削性能。

1. 前角 γ_o 的选择

前角是刀具上重要的几何参数之一，前角的大小决定着刀刃的锋利程度。前角增大，可使切削变形减小，切削力、切削温度降低，还可抑制积屑瘤等现象的产生，提高表面加工质量。但是前角过大，使刀具楔角变小，刀头强度降低，散热条件变差，切削温度升高，刀具磨损加剧，刀具寿命降低。

前角大小的选择原则是，在保证刀具耐用度满足要求的条件下，尽量取较大值。具体选择应从以下几个方面考虑：

(1) 根据工件材料选择。加工塑性金属前角较大，而加工脆性材料前角较小；材料的强度和硬度越高，前角越小，甚至取负值。

(2) 根据刀具材料选择。高速钢强度、韧性好，可选较大前角；硬质合金的强度、韧性较高速钢低，故前角较小；陶瓷刀具前角应更小。

(3) 根据加工要求选择。粗加工和断续切削选小值；精加工选较大值，如表 1.12 所示。

表 1.12 硬质合金刀具的前角值

工件材料	碳钢 σ_b/GPa				40Cr	调质40Cr	不锈钢	高锰钢	钛和钛合金
	≤0.445	≤0.558	≤0.784	≤0.98					
前角	25°~30°	15°~20°	12°~15°	10°	13°~18°	10°~15°	15°~30°	-3°~3°	5°~10°
工件材料	淬硬钢					灰铸铁		铜		铝及铝合金
	38~41 HRC	44~47 HRC	50~52 HRC	54~58 HRC	60~65 HRC	≤220 HBS	>220 HBS	纯铜	黄铜	青铜
前角	0°	-3°	-5°	-7°	-10°	12°	8°	25°~30°	15°~25°	5°~15°	25°~30°

2. 主、副后角 α_o、α_o' 的选择

主后角 α_o 的主要作用是减小刀具后面与工件表面之间的摩擦，所以后角不能太小，后角过小会使刀具后面与工件表面之间的摩擦加剧，切削温度过高，加工硬化严重。后角也

不能过大，后角过大虽然刃口锋利，但会使刃口强度降低，从而降低刀具的耐用度。后角大小的选择原则是，在不产生较大摩擦的条件下，尽量取较小的后角。在具体选择 α_o 大小时，应从以下几个方面考虑：

(1) 根据加工要求选择。粗加工时，后角应选小些($6°\sim8°$)。精加工时，切削用量较小，工件表面质量要求高，后角应选得大些($8°\sim12°$)。

(2) 根据加工工件材料选择。加工塑性金属材料，后角适当选大值；加工脆性金属材料，后角应适当减小；加工高强度、高硬度钢时，应取较小后角。

副后角 α_o' 的选择原则与主后角 α_o 基本相同，对于有些焊接刀具，为便于制造和刃磨，取 $\alpha_o = \alpha_o'$，有的刀具，例如切槽刀和三面刃铣刀，取小后角 $\alpha_o' = 1°\sim2°$。

3．主、副偏角 κ_r、κ_r' 的选择

主偏角较小时，刀尖角增大，提高了刀尖强度，改善了刀刃散热条件，对提高刀具耐用度有利。但是，主偏角较小时，背向切削力 F_p 大，容易使工件或刀杆(孔加工刀)产生挠度变形而引起"让刀"现象，以及引起工艺系统振动，影响加工质量。因此，工艺系统刚性好时，常采用较小的主偏角；工艺系统刚性差时，要采用较大的主偏角。

副偏角的大小主要影响已加工表面粗糙度，为了降低工件表面粗糙度，通常取较小的副偏角。主、副偏角的具体选择可参考表 1.13。

表 1.13　主偏角 κ_r、副偏角 κ_r' 选用值

适用范围及加工条件	加工系统刚性差的台阶轴、细长轴、多刀车、仿形车	加工系统刚性差，粗车、强力车削	加工系统刚性较好，加工外圆、端面、倒角	加工系统刚性足够的淬硬钢、冷硬铸铁	加工不锈钢	加工高锰钢	加工钛合金
主偏角 κ_r	$75°\sim93°$	$60°\sim70°$	$45°$	$10°\sim30°$	$45°\sim75°$	$25°\sim45°$	$30°\sim45°$
副偏角 κ_r'	$10°\sim6°$	$15°\sim10°$		$10°\sim5°$	$8°\sim15°$	$10°\sim20°$	$10°\sim15°$

4．刃倾角 λ_s 的选择

刃倾角的主要作用是可以控制切屑流出方向，增加刀刃的锋利程度；增加刀刃参加工作的长度，使切削过程平稳以及保护刀尖。刃倾角的选择原则是：

(1) 根据加工要求选择。粗加工时，为提高刀具的强度，选择 $\lambda_s = 0°\sim-5°$；刃倾角 λ_s 取较大的负值时，背向切削力 F_p 增大，使工件或刀杆产生变形，故精加工取 $\lambda_s = 0°\sim+5°$。

(2) 根据加工条件选择。加工断续表面、余量不均匀表面及有冲击载荷时，取负刃倾角。

1.3.7　车刀的刃磨

车刀(指整体车刀与焊接车刀)用钝后重新刃磨是在砂轮机上进行的。磨高速钢车刀用白色氧化铝砂轮，磨硬质合金刀头用绿色碳化硅砂轮。

1．砂轮的选择

砂轮的特性由磨料、粒度、硬度、砂轮组织和结合剂五个因素决定。

1) 磨料

常用的磨料有氧化物系、碳化物系和高硬磨料系三种。船上和工厂常用的是氧化铝砂轮和碳化硅砂轮。氧化铝砂轮磨粒硬度低(2000～2400HV)、韧性大，适用刃磨高速钢车刀，

其中白色的叫做白刚玉，灰褐色的叫做棕刚玉。碳化硅砂轮的磨粒硬度比氧化铝砂轮的磨粒高(2800HV 以上)，性脆而锋利，并且具有良好的导热性和导电性，适用刃磨硬质合金。其中常用的是黑色和绿色的碳化硅砂轮。而绿色的碳化硅砂轮更适合刃磨硬质合金车刀。

2) 粒度

粒度表示磨粒大小的程度。以磨粒能通过每英寸长度上多少个孔眼的数字作为表示符号。例如 60 粒度是指磨粒刚可通过每英寸长度上有 60 个孔眼的筛网。因此，数字越大表示磨粒越细。粗磨车刀应选磨粒号数小的砂轮，精磨车刀应选号数大(即磨粒细)的砂轮。

3) 硬度

砂轮的硬度是反映磨粒在磨削力作用下，从砂轮表面上脱落的难易程度。砂轮硬，即表面磨粒难以脱落；砂轮软，表示磨粒容易脱落。砂轮的软硬和磨粒的软硬是两个不同的概念，必须区分清楚。刃磨高速钢车刀和硬质合金车刀时应选软或中软的砂轮。

4) 砂轮组织

砂轮组织表示磨粒、结合剂、气孔三者体积的比例关系。砂轮的组织号是以磨粒所占砂轮体积的百分数来确定的，组织号越大，砂轮组织越松，磨削时不易堵塞，磨削效率高，但磨刃少，磨削后表面粗糙度较大。表 1.14 所示为砂轮组织分类及用途。

表 1.14　砂轮组织分类及用途

类　别	紧　密				中　　等				疏　松			
组织号	0	1	2	3	4	5	6	7	8	9	10	11	12
磨料占砂轮体积/(%)	62	60	53	56	54	52	50	43	46	44	42	40	38
用　途	成形磨削及精密磨削				磨削淬火钢，刃磨刀具				磨削韧性大而硬度低的材料，大面积磨削			

5) 结合剂

结合剂是砂轮中用以黏结磨料的物质。砂轮的强度、抗冲击性、耐热性及抗腐蚀能力等，主要取决于结合剂的性能。常用结合剂的性能及用途见表 1.15。

表 1.15　常用结合剂的性能及用途

名　称	代号	性　能	用　途
陶瓷结合剂	A	耐腐蚀性好，能保持正确的几何形状，气孔率大，磨削效率高，强度较大，韧性、弹性、抗震性差，不能承受侧向力	$v_轮 < 35$ m/s，应用最广，能制作各种模具，适用于成形磨削和磨螺纹、齿轮、曲轴等
树脂结合剂	S	强度大，富有弹性，耐冲击，能够在高速下工作；耐热及耐腐蚀性能比较差，气孔率小	$v_轮 > 50$ m/s 的高速磨削，可制成薄片砂轮磨槽，刃磨刀具前刀面，高精度磨削。湿磨时，切削液中含碱量小于 1.5%
橡胶结合剂	X	弹性更好，强度更大，气孔率小，磨粒易脱落，耐热、耐腐蚀性差，有臭味	制造磨轴承槽和无心磨砂轮、导轮、薄片砂轮、柔性抛光砂轮
金属结合剂(青铜、电镀镍)	J	韧性、成形性好，强度大，自砺性能差	制造各种金刚石磨具，使用寿命长。制造直径 1.5 mm 以上的磨具用青铜；直径 1.5 mm 以下的磨具用电镀镍

综上所述，应根据刀具材料正确选用砂轮。刃磨高速钢车刀时，应选用粒度为 46 号～60 号的软或中软的氧化铝砂轮。刃磨硬质合金车刀时，应选用粒度为 60 号～80 号的软或中软的碳化硅砂轮，两者不能搞错。

2．车刀刃磨的步骤

现以硬质合金外圆车刀为例，介绍手工刃磨车刀的方法。

(1) 先磨去车刀上的焊渣，并将车刀底面磨平。

(2) 粗磨主后面和副后面的刀柄部分(以形成后隙角)。刃磨时，在略高于砂轮中心的水平位置处将车刀翘起一个比刀体上的后角大 2°～3° 的角度，以便再刃磨刀体上的主后角和副后角，如图 1.17 所示。

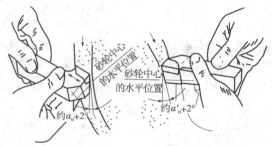

(a) 磨主后面上的后隙角   (b) 磨副后面上的后隙角

图 1.17　粗磨刀柄部分(形成后隙角)

(3) 粗磨刀体上的主后角。磨主后面时，刀柄应与砂轮轴线平行，同时，车刀底平面向砂轮方向倾斜一个比主后角大 2° 的角度，如图 1.18(a)所示。刃磨时，先把车刀已磨好的后隙面靠在砂轮的外圆上，以接近砂轮中心的水平位置为刃磨的起始位置，然后使刃磨位置继续向砂轮靠近，并左右缓慢移动。当砂轮磨至刀刃处即可结束。

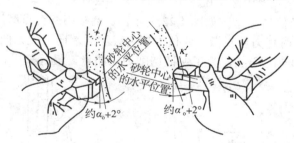

(a) 粗磨主后角   (b) 粗磨副后角

图 1.18　粗磨主、副后角

(4) 粗磨刀体上的副后角。磨副后面时，刀柄尾部应向右转过一个副偏角的角度，同时，车刀底平面向砂轮方向倾斜一个比副后角大 2° 的角度，如图 1.18(b)所示，具体刃磨方法与粗磨刀体上主后面大体相同。不同的是粗磨副后面时砂轮应磨到刀尖处为止。

(5) 粗磨前面。以砂轮的端面粗磨出车刀的前面，并在磨前面的同时磨出前角，如图 1.19 所示。

(6) 磨断屑槽。手工刃磨断屑槽一般为圆弧形。刃磨前，应先将砂轮圆柱面与端面的交点处用金刚石笔或硬砂条修成相应的圆弧。刃磨时，刀尖可以向下或向上磨，如图 1.20

所示，但选择刃磨断屑槽部位时，应考虑留出刀头倒棱的宽度，刃磨的起点位置应该与刀尖主切削刃保持一定距离，防止主切削刃和刀尖被磨塌。

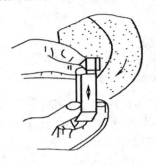

图 1.19 粗磨前面

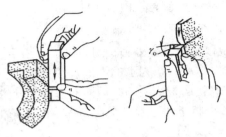

(a) 刀尖向上磨   (b) 刀尖向下磨

图 1.20 刃磨断屑糟的方法

(7) 精磨主、副后面。选用碳化硅环形砂轮。精磨前应先修整好砂轮，保证回转平稳。刃磨时将车刀底平面靠在调整好角度的托架上，使切削刃轻轻靠住砂轮端面，并沿着端面缓慢地左右移动，保证车刀刃口平直，如图 1.21 所示。

(a) 精磨主后面

(b) 精磨副后面

图 1.21 精磨主、副后面

(8) 磨负倒棱。负倒棱示意图如图 1.22 所示。负倒棱刃磨有直磨法和横磨法两种方法，如图 1.23 所示。刃磨时用力要轻微，要使主切削刃的后端向刀尖方向摆动。负倒棱倾斜角度为 $-5°$，宽度 $b = 0.4 \sim 0.8$ mm，为了保证切削刃的质量，最好采用直磨法。

图 1.22 负倒棱示意图

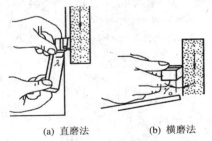

(a) 直磨法   (b) 横磨法

图 1.23 磨制负倒棱

3. 磨刀的安全知识

(1) 刃磨刀具前，应首先检查砂轮有无裂纹，砂轮轴螺母是否拧紧，并经试转后使用，以免砂轮碎裂或飞出伤人。

(2) 刃磨刀具时不能用力过大，否则会使手打滑而触及砂轮面，造成工伤事故。

(3) 磨刀时应戴防护眼镜，以免砂砾和铁屑飞入眼中。

(4) 磨刀时不要正对砂轮的旋转方向站立，以防意外。

(5) 磨小刀头时，必须把小刀头装入刀杆上。

(6) 砂轮支架与砂轮的间隙不得大于 3 mm，若发现间隙过大，应调整适当。

任务 1.4　安装车刀、调整车床并对刀

【任务描述】

安装车刀、调整车床并对刀。

【知识目标】

(1) 掌握车刀安装的方法及注意事项。

(2) 掌握车刀工作角度的定义。

(3) 掌握车刀安装对工作角度的影响。

(4) 掌握调整车床并对刀的相关知识。

【能力目标】

能安装车刀、调整并操作车床对刀。

【教学组织方法】

教学组织方法见表 1.16。

表 1.16　任务 1.4 教学组织方法

资　讯	1. 知识准备：见"知识链接"； 2. 教学参考书：《金属切削原理与刀具》、《金属加工实训》、《金属切削原理与刀具实训教程》； 3. 讲解知识要点、现场操作、观看视频、参观工厂
计划与决策	1. 分组讨论，明确任务要求； 2. 编写任务实施计划和实施方案； 3. 讨论、分析实施计划的可行性(教师参与)，确定可行的实施计划和方案； 4. 按计划分配任务到每一个人
实施与检查	分组，按实施方案及计划步骤进行车刀安装、车床调整与对刀操作(教师指导)
评　估	学生和老师填写考核单，收集任务单，对小组及个人进行综合评价，提出修改意见及注意事项

【教学过程】

1.4.1　资讯

(1) 明确任务要求：安装 90° 外圆车刀和切槽刀，调整车床并对刀。

(2) 知识准备：车刀的安装、车刀工作角度的定义、车刀安装对工作角度的影响、调整车床并对刀的相关知识。

(3) 教学参考书：《金属切削原理与刀具》、《金属加工实训》、《金属切削原理与刀具实训教程》。

(4) 讲解知识要点、现场操作、观看视频、参观工厂。

1.4.2　计划与决策

1. 计划

(1) 学生分组讨论，明确任务要求。

(2) 每组制订车刀安装、车床调整与对刀操作的多种实施方案。

2. 决策

确定一种车刀安装、车床调整与对刀操作的实施方案：安装车刀→调整车床并对刀。

1.4.3　任务实施

1. 安装车刀

(1) 锁紧方刀架。

(2) 将车刀的刀柄紧靠方刀架的左侧，车刀在方刀架上悬伸一段距离，长度为刀体厚度的 1.5~2 倍为宜(切断刀伸出不宜太长)，刀杆中心线应与进给方向垂直。

(3) 刀尖应与工件轴线等高，可用尾座顶尖校对，用垫刀片调整，旋紧刀架上的螺栓夹紧刀具。

2. 调整车床并对刀

车端面对刀：启动机床，使车刀和工件端面轻微接触→向后退出车刀→再纵向进给 0.5 mm→手摇中拖板手轮，使刀尖过工件中心，观察工件表面是否光滑，若有残留小圆柱面，说明刀尖与工件中心不等高，刀具安装有误，重新调整刀具，再次试切，直到切出光滑表面为止。

车外圆对刀：启动机床，使车刀和工件外圆表面轻微接触→向右退出车刀→按要求横向进给 a_p→试切 1~3 mm，向右退出，停车，测量→调整切深至 a_p 后，自动进给车外圆。

1.4.4　检查与考评

1. 检查

(1) 学生自行检查工作任务完成情况。

(2) 小组间互查,进行方案的技术性、经济性和可行性分析。

(3) 教师专查,进行点评,组织方案讨论。

(4) 针对问题进行修改,确定最优方案。

(5) 整理相关资料,归档。

2. 考评

考核评价按表 1.17 中的项目和评分标准进行。

表 1.17　任务 1.4 考核评价表

序号	考核评价项目		考 核 内 容	学生自检	小组互检	教师终检	配分	成绩
1	过程考核	专业能力	相关知识点的学习				50	
			能正确安装车刀					
			能调整机床并准确对刀					
2		方法能力	信息搜集、自主学习、分析解决问题、归纳总结及创新能力				10	
3		社会能力	团队协作、沟通协调、语言表达能力及安全文明、质量保障意识				10	
4	常规考核		自学笔记				10	
5			课堂纪律				10	
6			回答问题				10	

【知识链接】

1.4.5　车刀的安装

装卸车刀前先要锁紧方刀架。车刀安装在方刀架的左侧,用刀架上的至少两个螺栓压紧(操作时应逐个轮流旋紧螺栓),如图 1.24 所示。刀尖应与工件轴线等高,可用尾座顶尖校对,用垫刀片调整。刀杆中心线应与进给方向垂直。车刀在方刀架上伸出的长度以刀体厚度的 1.5～2 倍为宜(切断刀伸出不宜太长)。

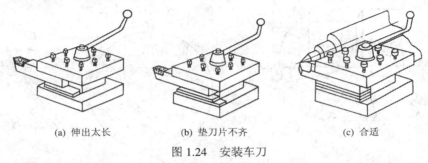

(a) 伸出太长　　　　(b) 垫刀片不齐　　　　(c) 合适

图 1.24　安装车刀

车外圆或横车时,如果车刀安装后刀尖高于工件轴线,会使前角增大而后角减小;相反,如果刀尖低于工件轴线,则会使前角减小,后角增大。如果刀体轴线不垂直于工件轴线，将影响主偏角和副偏角，会使切断刀切出的断面不平，甚至使刀头折断，使螺纹车刀切出的螺纹产生牙型半角误差。所以，切断刀和螺纹车刀的刀头必须与工件轴线垂直，以使切断刀的两副偏角相等和螺纹刀切出的螺纹牙型对称。

车刀底面的垫片要平整，并尽可能用厚垫片，以减少垫片数量。调整好刀尖高低后，至少要用两个螺钉交替将车刀紧固。

1.4.6　车刀的工作角度

刀具的标注角度是在假定运动条件和假定安装条件的情况下给出的。如果考虑合成运动和实际安装情况，则刀具的参考平面将发生变化，因此，刀具的工作角度相对于标注角度发生了变化。

1. 工作参考系

(1) 工作基面 P_{re}：通过切削刃选定点垂直于合成切削速度方向的平面。

(2) 工作切削平面 P_{se}：通过切削刃选定点与切削刃相切，且垂直于工作基面的平面。

(3) 工作正交平面 P_{oe}：通过切削刃选定点垂直于工作基面与工作切削平面的平面。

刀具的工作角度有：κ_{re}、κ'_{re} 等。

2. 刀具安装对工作角度的影响

(1) 刀杆偏斜对工作角度的影响。

如图 1.25 所示，当刀杆中心线与进给方向不垂直时，其工作主偏角 κ_{re}、副偏角 κ'_{re} 将发生变化。主偏角增大，副偏角减小。计算公式如下：

$$\kappa_{re} = \kappa_r + \theta \tag{1.14}$$
$$\kappa'_{re} = \kappa'_r - \theta \tag{1.15}$$

(2) 切削刃安装高低对工作前、后角的影响。

如图 1.26 所示，刀具正装，刀尖高于工件中心，车外圆时，工作切削平面 P_{se}、工作基面 P_{re} 发生改变。背平面内，车刀的工作前角增大，后角减小。如果刀尖低于工件中心，则上述工作角度的变化情况恰好相反。镗内孔时装刀高低对工作角度的影响也是与车外圆时相反的。

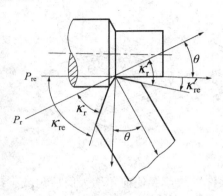

图 1.25　刀杆偏斜对工作角度的影响

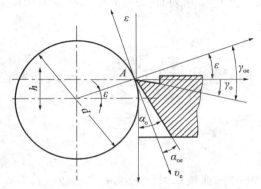

图 1.26　刀具装刀高低对工作角度的影响

另外，当外圆车刀纵向进给时，工作前角和工作后角同样发生变化。在车削大导程的丝杠或多头螺纹时，螺纹车刀的工作左后角变小，工作右后角变大。在刃磨螺纹车刀时必须注意工作后角反向刃磨，即螺纹车刀的工作左后角磨大些，工作右后角磨小些。

1.4.7　调整车床并对刀

1. 车外圆时试切对刀

车外圆时试切对刀的步骤如图 1.27 所示。

(1) 启动机床，使车刀和工件外圆表面轻微接触。

(2) 向右退出车刀。

(3) 按要求横向进给 a_p。

(4) 试切 1～3 mm，向右退出，停车，测量。

(5) 调整切深至 a_p 后，自动进给车外圆。

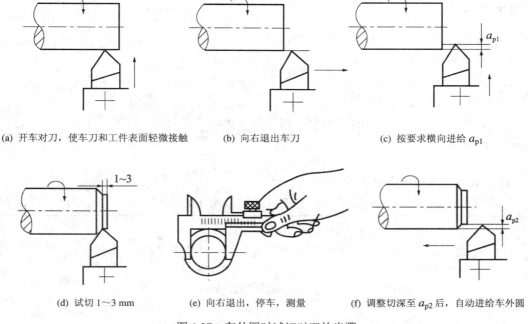

(a) 开车对刀，使车刀和工件表面轻微接触　　(b) 向右退出车刀　　(c) 按要求横向进给 a_{p1}

(d) 试切 1～3 mm　　(e) 向右退出，停车，测量　　(f) 调整切深至 a_{p2} 后，自动进给车外圆

图 1.27　车外圆时试切对刀的步骤

2. 车端面时试切对刀

(1) 启动机床，使车刀和工件端面轻微接触。

(2) 向后退出车刀。

(3) 再纵向进给 0.5 mm。

(4) 手摇中拖板手轮，使刀尖过工件中心，观察表面是否光滑，若有残留小圆柱面，说明刀尖与工件中心不等高，刀具安装有误，重新调整刀具，再次试切，直到切出光滑表面为止。

任务 1.5　车削输出轴

【任务描述】

车削输出轴。

【知识目标】

(1) 掌握车床的结构及工件安装的相关知识。

(2) 掌握切削用量对加工的影响。

(3) 掌握车削时的安全知识。

(4) 掌握切削过程中切削规律的相关知识。

【能力目标】

(1) 能熟练操作车床、安装并找正工件。

(2) 能正确选用车刀、安装车刀并对刀。

(3) 能正确选用切削用量。

(4) 能熟练车削输出轴并检验。

(5) 能分析切削过程中的切削规律，处理加工中的实际问题。

【教学组织方法】

教学组织方法见表 1.18。

表 1.18　任务 1.5 教学组织方法

资　　讯	1. 知识准备：见"知识链接"； 2. 教学参考书：《金属切削原理与刀具》、《金属加工实训》、《金属切削原理与刀具实训教程》； 3. 讲解知识要点、现场操作、观看视频、参观工厂
计划与决策	1. 分组讨论，明确任务要求； 2. 编写任务实施计划和实施方案； 3. 讨论、分析实施计划的可行性(教师参与)，确定可行的实施计划和方案； 4. 按计划分配任务到每一个人
实施与检查	分组，按实施方案及计划步骤车削输出轴(教师指导)
评　　估	学生和老师填写考核单，收集任务单，对小组及个人进行综合评价，提出修改意见及注意事项

【教学过程】

1.5.1 资讯

(1) 明确任务要求：此输出轴的作用是传递力和力矩，材料是 45#钢，中批量生产，要求加工 7 段外圆和端面。

(2) 知识准备：车床的运动、车削用量及工件安装；选用车刀、安装车刀并对刀；车削输出轴的加工过程；车削时的安全知识。

(3) 教学参考书：《金属切削原理与刀具》、《金属加工实训》、《金属切削原理与刀具实训教程》。

(4) 讲解知识要点、现场操作、观看视频、参观工厂。

1.5.2 计划与决策

1．计划

(1) 学生分组讨论，明确任务要求。

(2) 每组制订车削输出轴的多种实施方案。

2．决策

确定一种车削输出轴的实施方案：输出轴工件加工工艺准备→输出轴工件的车削加工。

1.5.3 任务实施

1．工艺准备

(1) 分析零件结构工艺性及车削输出轴的加工方法及顺序。

审核输出轴零件图→分析轴类零件的功用与结构特点→分析零件技术要求→分析轴类零件的结构工艺性→分析输出轴的加工方法及顺序(具体内容见任务 1.1)。该零件毛坯为模锻件，毛坯直径为 $\phi94$、$\phi86$、$\phi76$ mm，长度为 384 mm。

(2) 选择机床，安装工件。

选择 CA6140 型卧式车床，选用三爪卡盘和顶尖装夹工件，装夹过程见 1.5.6 小节。

(3) 选用车刀，安装车刀，调整机床并对刀。

选用 90° 外圆车刀和切槽刀，正确安装车刀、调整机床并准确对刀，具体过程见 1.1.3 小节。

(4) 选择切削用量(切削速度 v_c、进给量 f 和背吃刀量 a_p)。

切削用量包括切削速度 v_c、进给量 f 和背吃刀量 a_p，由于切削速度对刀具寿命影响最大，其次为进给量，影响最小的是背吃刀量，因此选择切削用量的步骤是：先定 a_p，再选 f，最后确定 v_c。必要时校验机床功率是否允许。

现以粗车 $\phi50^{-0.025}_{-0.05}$ 外圆面(毛坯直径为 $\phi60$，工件材料为 45# 钢，采用硬质合金车刀)为例说明切削用量的选择过程。具体选择过程见《金属切削加工技术实训教程》，选择结果填入表 1.19。

表 1.19　选择切削用量

加工表面	加工方法	切　削　用　量		
$\phi 50^{-0.025}_{-0.05}$ 外圆面	粗加工	a_p /mm	f /(mm/r)	v_c /(m/min)
		4	0.4	90

2. 输出轴工件的加工顺序

查阅《机械制造技术实训教程》第 5 章中的"常用设计资料"，选用输出轴的毛坯为自由锻件($\phi 60 \times 240$ mm)，工件材料为 45# 钢，且为中批量生产。此轴的加工顺序见表 1.20。

表 1.20　工件加工顺序

序号	名称	工序内容	设备	刀具或工具	安装方法
01	锻	自由锻 $\phi 60 \times 240$ mm	—	—	
05	镗、铣	1. 装夹：$\phi 60$ 外圆定位； 2. 铣端面，钻中心孔 B 型，保证总长 $235^{0}_{-0.29}$	镗铣床	端面铣刀、中心钻	专用夹具
10	车	1. 装夹：左端外圆和中心孔定位； 2. 粗车右端各外圆，保证尺寸 $\phi 27^{0}_{-0.33}$、$\phi 22^{0}_{-0.33}$ 和 $\phi 34^{0}_{-0.16}$，Ra 12.5 μm	CA6140D	90°偏刀 45°弯刀	三爪自定心卡盘和顶尖
15	车	1. 装夹：右端外圆和中心孔定位； 2. 粗车左端外圆，保证 $\phi 34^{0}_{-0.16}$ 和 $\phi 52^{0}_{-0.19}$，Ra 12.5μm	CA6140D	90°偏刀 45°弯刀	三爪自定心卡盘和顶尖
20	车	1. 装夹：两中心孔定位； 2. 半精车各外圆，保证 $\phi 33^{0}_{-0.025}$、$\phi 25^{0}_{-0.33}$、$\phi 20^{0}_{-0.33}$、$\phi 51^{0}_{-0.03}$，Ra6.3 μm； 3. 切槽 $6 \times \phi 16$； 4. 倒角	CA6140D	90°偏刀 45°弯刀 切槽刀 游标卡尺、千分尺	两顶尖
25	车	1. 装夹：两中心孔定位； 2. 车 M20 外螺纹达尺寸要求	CA6140D	螺纹车刀 样板、螺纹环规、千分尺	两顶尖
30	铣	1. 装夹：外圆定位； 2. 铣键槽	X5130	立铣刀、游标卡尺	专用夹具
35	铣	1. 装夹：外圆定位； 2. 铣四方	X5130	立铣刀、游标卡尺	专用夹具
40	钻	1. 装夹：外圆定位； 2. 钻孔 $\phi 6$	Z3040	钻头、游标卡尺	专用夹具
45	磨	1. 装夹：两中心孔定位； 2. 磨外圆，保证尺寸 $\phi 32^{+0.05}_{+0.034}$ 和 $\phi 50^{-0.025}_{-0.05}$ 外圆表面达到图纸尺寸要求	M1432A	砂轮、千分尺	两顶尖

1.5.4 检查与考评

1．检查

(1) 学生自行检查工作任务完成情况。

(2) 小组间互查，进行方案的技术性、经济性和可行性分析。

(3) 教师专查，进行点评，组织方案讨论。

(4) 针对问题进行修改，确定最优方案。

(5) 整理相关资料，归档。

2．考评

考核评价按表 1.21 中的项目和评分标准进行。

表 1.21　任务 1.5 考核评价表

序号	考核评价项目		考 核 内 容	学生自检	小组互检	教师终检	配分	成绩
1	过程考核	专业能力	相关知识点的学习				50	
			能正确安装车刀、调整机床并准确对刀					
			能选择切削用量					
			能车削动力换挡器输出轴					
2		方法能力	信息搜集、自主学习、分析解决问题、归纳总结及创新能力				10	
3		社会能力	团队协作、沟通协调、语言表达能力及安全文明、质量保障意识				10	
4	常规考核		自学笔记				10	
5			课堂纪律				10	
6			回答问题				10	

【知识链接】

1.5.5 CA6140 型卧式车床

1．组成及主要功用

CA6140 型卧式车床的结构图如图 1.28 所示。

(1) 主轴箱。主轴箱 1 固定在床身 4 的左上部，其功用是支承并传动主轴，使主轴带动工件按照规定的转速旋转，以实现主运动。

(2) 刀架部件。刀架部件 2 装在床身 4 的刀架导轨上。刀架部件可通过机动或手动使夹持在方刀架上的刀具作纵向、横向或斜向进给。

(3) 进给箱。进给箱 10 固定在床身 4 的左前侧，进给箱内装有进给运动的变换机构，用于改变机动进给的进给量或改变被加工螺纹的导程。

(4) 溜板箱。溜板箱 8 固定在刀架部件 2 的底部。溜板箱的功用是把进给箱传来的运动传递给刀架，使刀架实现纵向进给、横向进给、快速移动或车螺纹。

(5) 尾座。尾座 3 安装在床身 4 右端的尾座导轨上，尾座的功用是用后顶尖支承长工件，还可以安装钻头等孔加工刀具以进行孔加工，尾座可沿床身导轨纵向调整位置并锁定在床身上的任何位置，以适应不同长度的工件加工。

(6) 床身。床身 4 通过螺栓固定在左右床腿上，它是车床的基本支撑件，用以支撑其他部件，并使它们保持准确的相对位置或运动轨迹。

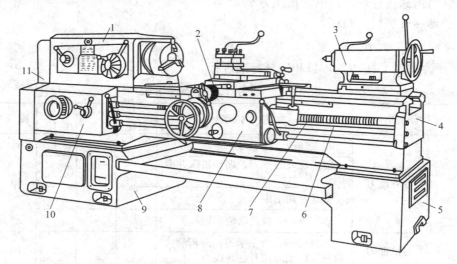

1—主轴箱；2—刀架部件；3—尾座；4—床身；5、9—床腿；6—光杆；

7—丝杠；8—溜板箱；10—进给箱；11—挂轮变速机构

图 1.28　卧式车床的结构图

2．机床的主要技术性能

(1) 床身上最大工件回转直径：400 mm。

(2) 最大工件长度：750、1000、1500、2000 mm。

(3) 刀架上最大工件回转直径：210 mm。

(4) 主轴转速：正转 24 级：10～1400 r/min；反转 12 级：14～1580 r/min。

(5) 进给量：纵向 64 级：0.028～6.33 mm/r；横向 64 级：0.014～3.16 mm/r。

(6) 车削螺纹范围：米制螺纹 44 种，P=1～192 mm；英制螺纹 20 种，$\alpha = 2$～24 牙/in；模数螺纹 39 种，$m = 0.25$～48 mm；径节螺纹 37 种，$D_P = 1$～96 牙/in；主电机功率为 7.5 kW。

1.5.6　工件的装夹

切削加工时，工件必须在机床夹具中定位和夹紧，使它在整个切削过程中始终保持正确的位置。工件的装夹和装夹速度直接影响加工质量和劳动生产率。

根据工件的形状、大小和加工数量不同，车削加工中工件常采用以下几种装夹方法：

1．用三爪自定心卡盘装夹工件

三爪自定心卡盘的结构如图 1.29(a)所示，当用卡盘扳手转动小锥齿轮时，大锥齿轮也随之转动，在大锥齿轮背面平面螺纹的作用下，使三个爪同时向心移动或退出，能自动定心，自动定心精度可达到 0.05～0.15 mm，工件装夹后一般不需要找正。但较长的工件离卡盘远端的旋转中心不一定与车床主轴旋转中心重合，这时必须找正，如卡盘使用时间较长而精度下降后，工件加工部位的精度要求较高时也需要找正。三爪自定心卡盘装夹工件方便、省时，适用于装夹外形规则的中、小型工件。装夹直径较小的工件时可以采用正爪装夹，如图 1.29(b)所示。当装夹直径较大的外圆工件时可用三个反爪进行，如图 1.29(c)所示。但三爪自定心卡盘由于夹紧力不大，所以一般只适宜于重量较轻的工件，当重量较重的工件进行装夹时，宜用四爪单动卡盘或其他专用夹具。

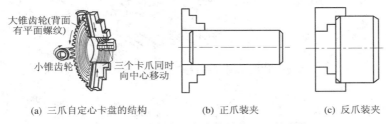

(a) 三爪自定心卡盘的结构　　(b) 正爪装夹　　(c) 反爪装夹

图 1.29　三爪自定心卡盘的结构和工件安装

2. 用四爪单动卡盘装夹工件

四爪单动卡盘的结构如图 1.30(a)所示。由于四爪单动卡盘的四个卡爪各自独立运动，因此工件装夹时必须将加工部分的旋转中心找正到与车床主轴旋转中心重合后才可车削。使用百分表找正工件如图 1.30(b)所示。

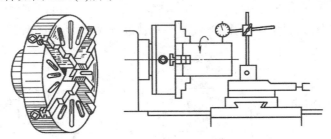

(a) 四爪单动卡盘的结构　　(b) 用百分表找正工件

图 1.30　四爪单动卡盘装夹工件

四爪单动卡盘找正比较费时，但夹紧力较大，所以适用于装夹大型或形状不规则的工件。四爪单动卡盘可装成正爪或反爪两种形式，反爪用于装夹直径较大的工件。

3. 用一夹一顶装夹工件

对于一般较短的回转体类工件，多采用三爪自定心卡盘装夹，但对于较长的回转体类工件，用此方法则刚性较差。所以，对于一般较长的工件，尤其是较重要的工件，不能直接用三爪自定心卡盘装夹，而要用一端夹住、另一端用后顶尖顶住的装夹方法。这种装夹方法能承受较大的轴向切削力，且刚性大大提高，同时可提高切削用量。

4. 用两顶尖装夹工件

用两顶尖装夹工件时，需先在工件端面钻出中心孔。两顶尖装夹工件方便，不需找正，装夹精度高。对于较长或需经过多次装夹才能加工完成的工件，如长轴、长丝杠等的车削，或工序较多，在车削后还要铣削或磨削的工件，为了保证每次装夹时的装夹精度（如同轴度要求），可用两顶尖装夹，如图1.31所示。

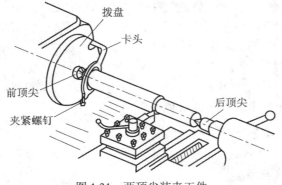

图1.31　两顶尖装夹工件

1.5.7　车外圆

1．安装工件和校正工件

安装工件的方法主要有用三爪自定心卡盘或者四爪卡盘、顶尖装夹工件等。校正工件的方法有划针或者百分表校正。

2．选择车刀

车外圆可采用图1.32所示的各种车刀。45°弯头车刀不但可以车外圆，还可以车端面、倒角；75°直头车刀(尖刀)的形状简单，主要用于粗车外圆；加工台阶轴和细长轴则常用90°车刀(又称偏刀)。

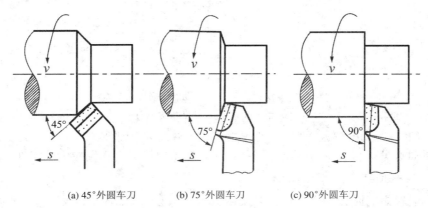

(a) 45°外圆车刀　　(b) 75°外圆车刀　　(c) 90°外圆车刀

图1.32　车外圆时采用的车刀

3．调整车床

车床的调整包括主轴转速和车刀的进给量。

主轴的转速是根据切削速度计算选取的。而切削速度的选择则和工件材料、刀具材料以及工件加工精度有关。用高速钢车刀车削时，$v_c=18\sim60$ m/min，用硬质合金刀削时，$v_c=60\sim180$ m/min。车高硬度钢比车低硬度钢的转速低一些。根据选定的切削速度计算出车床主轴的转速，再对照车床主轴转速铭牌，选取车床上最近似计算值而偏小的一挡，扳动手柄即可。特别要注意的是，必须在停车状态下扳动手柄。

进给量是根据工件加工要求确定的。粗车时取较小值；精车时取较大值。具体值可查阅《金属切削加工实训教程》相关数据。进给量的调整可对照车床进给量表扳动手柄位置，具体方法与调整主轴转速相似。

4．粗车和精车

车削前要试切。粗车的目的是尽快地切去多余的金属层，使工件接近最后的形状和尺寸。粗车后应留下 0.5～1 mm 的加工余量。

精车是切去余下少量的金属层以获得零件所需的精度和表面粗糙度，因此背吃刀量较小，约为 0.1～0.2 mm，切削速度可采用较高或较低速，初学者可采用较低速。为了提高工件表面粗糙度，用于精车的车刀的前、后刀面应采用油石加机油磨光，有时刀尖磨成一个小圆弧。

为了保证加工的尺寸精度，应采用试切法车削。试切法的步骤如图 1.27 所示。

5．刻度盘及其手柄的使用

中拖板的刻度盘紧固在丝杠轴头上，中拖板和丝杠螺母紧固在一起。当中拖板手柄带着刻度盘旋转一周时，丝杠也旋转一周，这时螺母带动中滑板移动一个螺距。所以中拖板移动的距离可根据刻度盘上的格数来计算：

刻度盘每转一格中滑板带动刀架横向移动距离＝丝杠螺距/刻度盘格数(mm)

以 C6140 型车床为例，中拖板刻度盘每转一格，车刀移动距离为 0.05 mm，工件直径减小 0.1 mm。加工外圆时，车刀向零件中心移动为进刀，远离中心为退刀。而加工内孔时则与其相反。进刀时，必须慢慢转动刻度盘手柄使刻线转到所需的格数。当手柄转过了头或试切后发现直径太小需退刀时，由于丝杠与螺母之间存在间隙，会产生空行程(即刻度盘转动而溜板并未移动)，因此不能将刻度盘直接退回到所需的刻度，此时一定要向相反方向全部退回，以消除空行程，然后再转到所需的格数。如图 1.33(a)所示，要求手柄转至30 刻度，但摇过头近 40 刻度，此时不能将刻度盘直接退回到 30 刻度。如果直接退回到 30刻度，则是错误的，如图 1.33(b)所示。而应该反转约一周后，再转至 30 刻度，如图 1.33(c)所示。

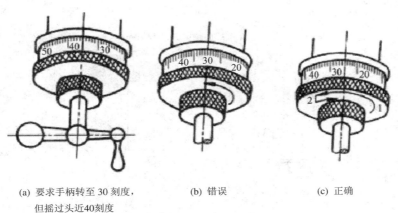

(a) 要求手柄转至 30 刻度，　　　(b) 错误　　　(c) 正确
　　但摇过头近40刻度

图1.33　手柄摇过头后的纠正方法

小滑板刻度盘主要用于控制零件长度方向的尺寸，其刻度原理及使用方法与中滑板相同。

6. 纵向进给

纵向进给到所需长度时，关停自动进给手柄，退出车刀，然后停车，检验。

7. 车外圆时的质量分析

(1) 尺寸不正确。原因是车削时粗心大意，看错尺寸；刻度盘计算错误或操作失误；测量时不仔细、不准确等造成的。

(2) 表面粗糙度不符合要求。原因是车刀刃磨角度不对；刀具安装不正确或刀具磨损，以及切削用量选择不当；车床各部分间隙过大等造成的。

(3) 外径有锥度。原因是吃刀深度过大，刀具磨损；刀具或拖板松动；用小拖板车削时转盘下基准线未对准"0"线；两顶尖车削时床尾"0"线不在轴心线上；精车时加工余量不足等造成的。

1.5.8　车端面

对工件的端面进行车削的方法称为车端面。

1. 车端面的方法与步骤

车端面的步骤与车外圆类似，只是车刀的运动方向不同。用 90° 右偏刀由外向中心进给车端面时，若凸台是瞬时车掉的，则容易损坏刀尖，因此切近中心时应放慢进给速度。此外，右偏刀从外向中心进给车端面时，用的是副切削刃切削，当 a_p 较大时，切削力会使车刀扎入工件而形成凹面。为了避免产生凹面，可从中心向外进给，用主切削刃切削，或用左偏刀、弯头刀、端面车刀车削(见图 1.34)。45° 弯头刀车端面时，中心的凸台是逐步车掉的，这样不易损坏刀尖。

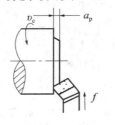
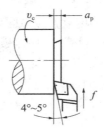
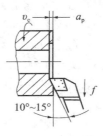

(a) 弯头刀车端面　　　(b) 右偏刀从外向中心车端面　　(c) 右偏刀从中心向外车端面

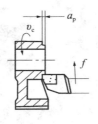

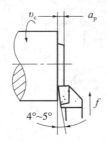

(d) 左偏刀车端面　　　　(e) 端面车刀车端面

图 1.34　车端面常用的几种方法

2．车端面时的注意事项

(1) 车刀的刀尖应对准工件中心，以免车出的端面中心留有凸台。

(2) 偏刀车端面，当背吃刀量较大时，容易扎刀。背吃刀量 a_p 的选择：粗车时 a_p=0.2～1 mm，精车时 a_p=0.05～0.2 mm。

(3) 端面的直径从外到中心是变化的，切削速度也在改变，在计算切削速度时必须按端面的最大直径计算。

(4) 车直径较大的端面，若出现凹心或凸肚时，应检查车刀和方刀架，以及大拖板是否锁紧。

3．车端面的质量分析

(1) 端面不平，产生凸凹现象或端面中心留"小头"。原因是车刀刃磨或安装不正确，刀尖没有对准工件中心，吃刀深度过大，车床有间隙，拖板移动造成的。

(2) 表面粗糙度差。原因是车刀不锋利，手动走刀摇动不均匀或太快，自动走刀切削用量选择不当。

1.5.9　车台阶

台阶面是常见的机械结构，它由一段圆柱面和端面组成。

1．车刀的选择与安装

车轴上的台阶面应使用偏刀。安装时应使车刀主切削刃垂直于零件的轴线或与零件轴线约成 95°。

2．车台阶的操作

(1) 车台阶的高度小于 5 mm 时，应使车刀主切削刃垂直于零件的轴线，台阶可一次车出。装刀时可用 90°尺对刀，如图 1.35(a)所示。

(2) 车台阶高度大于 5 mm 时，应使车刀主切削刃与零件轴线约成 95°，分层纵向进给切削，如图 1.35((b)所示。最后一次纵向进给时，车刀刀尖应紧贴台阶端面横向退出，以车出 90°台阶，如图 1.35(c)所示。

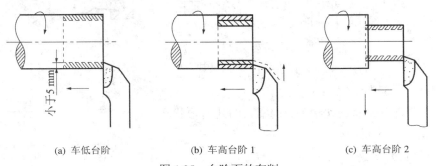

(a) 车低台阶　　　　　　(b) 车高台阶 1　　　　　　(c) 车高台阶 2

图 1.35　台阶面的车削

(3) 为使台阶长度符合要求，可用钢直尺直接在零件上确定台阶位置，并用刀尖刻出线痕，以此作为加工界线；也可用卡钳从钢直尺上量取尺寸，直接在零件上划出线痕。上述方法都不够准确，为此，划线痕应留出一定的余量。

3. 台阶长度尺寸的控制方法

(1) 台阶长度尺寸要求较低时可直接用大拖板刻度盘控制。

(2) 台阶长度可用钢直尺或样板确定位置，如图 1.36 所示。车削时先用刀尖车出比台阶长度略短的刻痕作为加工界限，台阶的准确长度可用游标卡尺或深度游标卡尺测量。

(3) 台阶长度尺寸要求较高且长度较短时，可用小滑板刻度盘控制其长度。

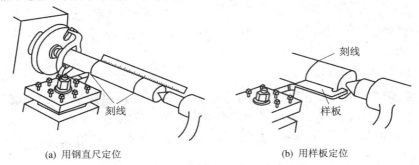

(a) 用钢直尺定位　　　　　　　　(b) 用样板定位

图 1.36　台阶长度尺寸的控制方法

4. 车台阶的质量分析

(1) 台阶长度不正确、不垂直、不清晰。原因是操作粗心，测量失误，自动走刀控制不当，刀尖不锋利，车刀刃磨或安装不正确。

(2) 表面粗糙度差。原因是车刀不锋利，手动走刀不均匀或太快，自动走刀切削用量选择不当。

1.5.10　切槽

在工件表面上车沟槽的方法称为切槽，槽的形状有外槽、内槽和端面槽，如图 1.37 所示。

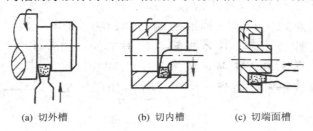

(a) 切外槽　　　　　　(b) 切内槽　　　　　　(c) 切端面槽

图 1.37　切槽常用的方法

1. 切槽刀的选择

切槽刀常选用高速钢切槽刀，切槽刀的几何形状和角度如图 1.38 所示。

2. 切槽的方法

车削精度不高和宽度较窄的矩形沟槽时，可以用刀宽等于槽宽的切槽刀，采用直进法一次车出。精度要求较高的沟槽一般分两次车成。

车削较宽的沟槽时，可用多次直进法切削(见图

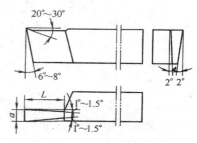

图 1.38　高速钢切槽刀

1.39)，并在槽的两侧留一定的精车余量，然后根据槽深、槽宽精车至尺寸要求。

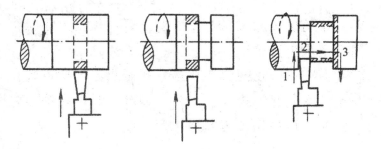

(a) 第一次横向进给　　(b) 第二次横向进给　(c) 最后一次横向进给后纵向精车槽底

图 1.39　切宽槽的方法

车削较小的圆弧形槽时，一般用成形车刀车削。对于较大的圆弧槽，可用双手联动车削，用样板检查修整。

车削较小的梯形槽时，一般用成形车刀完成，对于较大的梯形槽，通常先车直槽，然后用梯形刀直进法或左右切削法完成。

1.5.11　切断

切断要用切断刀。切断刀的形状与切槽刀相似，但因刀头窄而长，很容易折断。常用的切断方法有直进法和左右借刀法两种，如图 1.40 所示。直进法常用于切断铸铁等脆性材料；左右借刀法常用于切断钢等塑性材料。

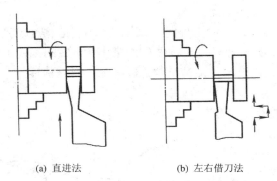

(a) 直进法　　　　　　　　(b) 左右借刀法

图 1.40　切断方法

切断时应注意以下几点：

(1) 切断一般在卡盘上进行时，工件的切断处应距卡盘近些，避免在顶尖安装的工件上切断。

(2) 切断刀刀尖必须与工件中心等高，否则切断处将剩有凸台，且刀头也容易损坏(见图 1.41)。

(3) 切断刀伸出刀架的长度不要过长，进给要缓慢均匀。将切断时，必须放慢进给速度，以免刀头折断。

(4) 切断钢件时需要加切削液进行冷却润滑，切铸铁时一般不加切削液，但必要时可用煤油进行冷却润滑。

(5) 两顶尖装夹工件切断时，不能直接切到中心，以防车刀折断，工件飞出。

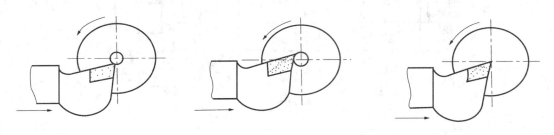

　　(a) 装刀太低，刀头易压坏　　　　　(b) 装刀太高，刀头易顶坏　　　　(c) 刀尖与工件旋转中心等高，正确

图 1.41　切断刀刀尖必须与工件中心等高

1.5.12　车圆锥

将工件车削成圆锥表面的方法称为车圆锥。常用车削锥面的方法有宽刀法、转动小刀架法、尾座偏移法、靠模法等。

1. 宽刀法

车削较短的圆锥时，可以用宽刃刀直接车出，如图 1.42 所示。其工作原理实质上属于成型法，所以要求切削刃必须平直，切削刃与主轴轴线的夹角应等于工件圆锥半角 $\alpha/2$。同时要求车床有较好的刚性，否则易引起震动。当工件的圆锥斜面长度大于切削刃长度时，可以用多次接刀方法加工，但接刀处必须平整。

2. 转动小刀架法

当加工锥角较大、锥面不长的工件时，可用转动小刀架法车削。车削时，将小滑板下面的转盘上的螺母松开，把转盘转至所需要的圆锥半角 $\alpha/2$ 的刻线上，与基准 "0" 线对齐，然后固定转盘上的螺母，如果锥角不是整数，可在锥角附近估计一个值，试车后逐步找正，如图 1.43 所示。

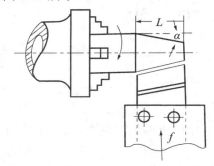
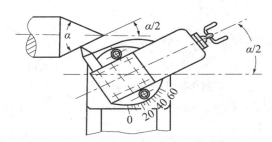

　　图 1.42　宽刀法车削圆锥　　　　　　　　图 1.43　转动小刀架法车削圆锥

此法调整方便，操作简单，适于车削任意角度的内外圆锥面。但受小刀架行程限制，且只能手动车削长度较短的圆锥面，因此表面质量不高。

3. 尾座偏移法

当车削锥度小、锥形部分较长的圆锥面时，可以用偏移尾座的方法，此方法可以自动走刀，缺点是不能车削整圆锥和内锥体，以及锥度较大的工件。将尾座上滑板横向偏移一个距离 s，使偏位后两顶尖连线与原来两顶尖中心线相交一个 $\alpha/2$ 的角度，尾座的偏向取决于工件大小头在两顶尖间的加工位置。尾座的偏移量与工件的总长有关，如图 1.44 所示，尾座偏移量可用下列公式计算：

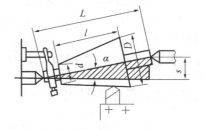

$$s = \frac{D-d}{2l}L \qquad (1.16)$$

式中：s——尾座偏移量；

　　　l——工件锥体部分长度；

　　　L——工件总长度；

图 1.44　尾座偏移法车削圆锥

　　　D、d——锥体大头直径和锥体小头直径。

床尾的偏移方向由工件的锥体方向决定。当工件的小端靠近床尾处时，床尾应向里移动，反之，床尾应向外移动。

4. 靠模法

如图 1.45 所示，靠模板装置的底座固定在床身的后面，底座上装有锥度靠模板 4，它可绕中心轴 3 旋转到与零件轴线成半锥角，靠模板上装有可自由滑动的滑块 2。车削圆锥面时，首先，需将中滑板 1 上的丝杠与螺母脱开，以使中滑板能自由移动。其次，为了便于调整背吃刀量，把小滑板转过 90°，并把中滑板 1 与滑块 2 用固定螺钉连接在一起。然后调整靠模板 4 的角度，使其与零件的半锥角 α 相同。于是，当床鞍作纵向自动进给时，滑块 2 就沿着靠模板 4 滑动，从而使车刀的运动平行于靠模板 4，车出所需的圆锥面。

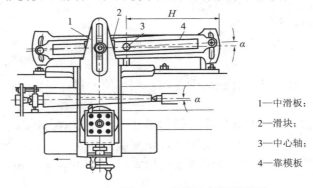

1——中滑板；

2——滑块；

3——中心轴；

4——靠模板

图 1.45　靠模法车削圆锥面

对于某些半锥角小于 12° 的锥面较长的内外圆锥面，当其精度要求较高且批量较大时常采用靠模法。

5. 车圆锥的质量分析

(1) 锥度不准确。原因是计算上的误差；小拖板的转动角度和床尾偏移量偏移不精确；或者是车刀、拖板、床尾没有固定好，在车削中移动而造成的。甚至因为工件的表面粗糙度太差，量规或工件上有毛刺或没有擦干净，从而造成检验和测量的误差。

(2) 锥度准确而尺寸不准确。原因是粗心大意，测量不及时、不仔细，进刀量控制不好，尤其是最后一刀没有掌握好进刀量而造成误差。

（3）圆锥母线不直。圆锥母线不直是指锥面不是直线，锥面上产生凹凸现象或是中间低、两头高。主要原因是车刀安装没有对准中心。

（4）表面粗糙度不符合要求。配合锥面一般精度要求较高，表面粗糙度不高，往往会造成废品，因此一定要注意。造成表面粗糙度差的原因是切削用量选择不当，车刀磨损或刃磨角度不对。没有进行表面抛光或者抛光余量不够。用小拖板车削锥面时，手动走刀不均匀，另外机床的间隙大、工件刚性差也会影响工件的表面粗糙度。

1.5.13　车床上钻孔

车床上可以用钻头、扩孔钻、铰刀及内孔车刀加工孔。

钻孔时，选用的麻花钻直径应根据后续工序要求留出加工余量。选用麻花钻的长度时，一般应使得导向部分略长于孔深。麻花钻过长则刚度低，麻花钻过短则排屑困难。车床上钻孔示意图如图 1.46 所示。

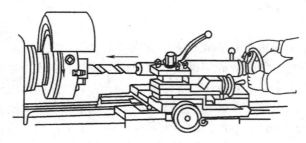

图 1.46　车床上钻孔示意图

1. 在车床上钻孔的操作步骤

（1）车端面。钻孔前，先将工件端面车平，中心处不允许留有凸台，以利于钻头正确定心。

（2）找正尾座使钻头中心对准工件回转中心，否则可能会将孔径钻大、钻偏甚至折断钻头。

（3）装夹钻头。锥柄钻头直接装在尾座套筒的锥孔内，直柄钻头要装在钻夹头内，然后把钻夹头装在尾座套筒的锥孔内。应注意要擦净钻夹头后再装入。

（4）调整尾座位置，松开尾座与床身的紧固螺栓螺母，移动尾座至钻头能进给到所需长度时，固定尾座。

（5）开车钻削。尾座套筒手柄松开后(不宜过松)，开动车床，均匀地摇动尾座套筒手轮进行钻削。刚接触工件时进给要慢些，切削中要经常退回，钻透时进给也要慢些，退出钻头后再停车。

2. 钻孔注意事项

（1）起钻时进给量要小，待钻头头部全部进入工件后，才能正常钻削。

（2）钻钢件时，应加冷却液，防止因钻头发热而退火。

（3）钻小孔或钻较深孔时，由于铁屑不易排出，必须经常退出排屑，否则会因铁屑堵塞而使钻头"咬死"或折断。

（4）钻小孔时，车头转速应选择快些，钻头的直径越大，钻速应相应更慢。

（5）当钻头将要钻通工件时，由于钻头横刃首先钻出，因此轴向阻力大减，这时进给速度必须减慢，否则钻头容易被工件卡死，造成锥柄在床尾套筒内打滑而损坏锥柄和锥孔。

钻盲孔与钻通孔的方法基本相同，只是钻孔时需要控制孔的深度，常用的控制方法是：钻削开始时，转动尾座手轮，当麻花钻切削部分(钻尖)切入工件端面时，用钢直尺测量尾座套筒的伸出长度，钻孔时用套筒伸出的长度加上孔深控制尾座套筒的伸出量。

钻孔的精度较低，尺寸公差等级在 IT10 级以下，表面粗糙度值 Ra =6.3 μm，因此，钻孔往往是镗孔、扩孔和铰孔的预备工序。

1.5.14　车孔

对工件上的孔进行车削的方法称为车孔(也称镗孔)，包括通孔车削和盲孔车削两种加工方法。

1. 车孔刀

（1）通孔车刀。通孔车刀切削部分的几何形状基本上与外圆车刀一样，如图 1.47 所示。为了减小径向切削力，防止震动，主偏角应取得大些，一般取 $\kappa_r = 60°\sim75°$，副偏角一般取 $15°\sim30°$，为了防止车孔刀后面和孔壁的摩擦不使后角磨得太大，一般磨成两个后角，其中，α_{o1} 取 $6°\sim12°$，α_{o2} 取 $30°$ 左右。

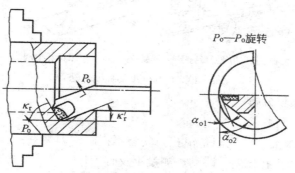

图 1.47　通孔车刀

（2）盲孔车刀。盲孔车刀用于车削盲孔或台阶孔，其切削部分的几何形状基本上与偏刀相似，如图 1.48 所示。盲孔车刀的主偏角大于 $90°$，一般取 $\kappa_r = 92°\sim95°$。后角要求与通孔车刀相同，盲孔车刀刀尖到刀柄外侧的距离 a 应小于孔的半径 R，否则无法车平孔的底面。

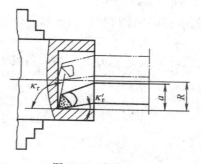

图 1.48　盲孔车刀

金属切削加工技术

2. 车通孔的方法

直通孔的车削基本上与车外圆相同，只是进刀与退刀的方向相反。在粗车或精车时，也要进行试切削。车孔时的切削用量应比车外圆时小一些，尤其是车小孔或深孔时，其切削用量应更小。

3. 车台阶孔的方法

(1) 车削直径较小的台阶孔时，由于观察困难，尺寸精度不易控制，所以，常采用先粗、精车小孔，再粗、精车大孔的顺序进行加工。

(2) 车削直径较大的台阶孔时，在便于测量小孔尺寸且视线又不受影响的情况下，一般先粗车大孔和小孔，再精车大孔和小孔。

4. 车孔深度的控制

车孔深度常采用以下方法进行控制：

(1) 在刀柄上用线痕做记号，如图 1.49(a)所示。

(2) 装夹车孔刀时，安放限位铜片，如图 1.49(b)所示。

(3) 利用床鞍刻度盘的刻线控制。

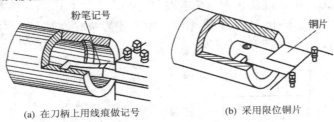

(a) 在刀柄上用线痕做记号   (b) 采用限位铜片

图 1.49　车孔深度的控制方法

5. 车内孔时的质量分析

1) 尺寸精度达不到要求

(1) 孔径大于要求尺寸。原因是镗孔刀安装不正确，刀尖不锋利，小拖板下面转盘的基准线未对准"0"线，孔偏斜、跳动，测量不及时。

(2) 孔径小于要求尺寸：原因是刀杆细造成"让刀"现象，塞规磨损或选择不当，绞刀磨损以及车削温度过高。

2) 几何精度达不到要求

(1) 内孔呈多边形。原因是车床齿轮咬合过紧，接触不良，车床各部间隙过大。薄壁工件装夹变形也会使内孔呈多边形。

(2) 内孔有锥度。原因是主轴中心线与导轨不平行，使用小拖板时基准线不对，切削量过大或刀杆太细。

(3) 表面粗糙度达不到要求。原因是刀刃不锋利，角度不正确，切削用量选择不当，冷却液不充足。

1.5.15　车螺纹

1. 螺纹车削的基本知识

螺纹种类有很多，按牙型分为三角形、梯形、方牙螺纹等，按标准分为米制和英制螺纹。米制三角形螺纹牙型角为 60°，用螺距或导程来表示；英制三角形螺纹牙型角为 55°，用每英寸牙数作为主要规格。各种螺纹都有左旋、右旋、单线、多线之分，其中以米制三角形螺纹，即普通螺纹应用最广。普通螺纹以大径、中径、螺距、牙型角和旋向为基本要素，是螺纹加工时必须控制的部分。在车床上能车削各种螺纹，现以车削普通螺纹为例予以说明。

普通三角螺纹的基本牙型如图 1.50 所示，各基本尺寸的名称如下：

D——内螺纹大径(公称直径)；

d——外螺纹大径(公称直径)；

D_2——内螺纹中径；

d_2——外螺纹中径；

D_1——内螺纹小径；

d_1——外螺纹小径；

P——螺距；

H——原始三角形高度。

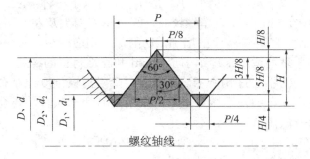

图 1.50　普通三角螺纹基本牙型

决定螺纹的基本要素有三个：

螺距 P：螺纹轴向剖面内螺纹两侧面的夹角。

牙型角 α：沿轴线方向上相邻两牙间对应点的距离。

螺纹中径 $D_2(d_2)$：平螺纹理论高度 H 的一个假想圆柱体的直径。在中径处的螺纹牙厚和槽宽相等。只有内外螺纹中径都一致时，两者才能很好地配合。

2. 螺纹车刀及安装

车刀的刀尖角度必须与螺纹牙型角(米制螺纹为 60°)相等，车刀前角等于零度。车刀刃磨时按样板刃磨，刃磨后用油石修光。装夹螺纹车刀时，刀头伸出不要过长，一般为 20～25 mm(约为刀杆厚度的 1.5 倍)，刀尖位置一般应对准工件中心，车刀刀尖角的对称中心必须与工件轴线垂直，装刀时可用样板来对刀，如图 1.51 所示。

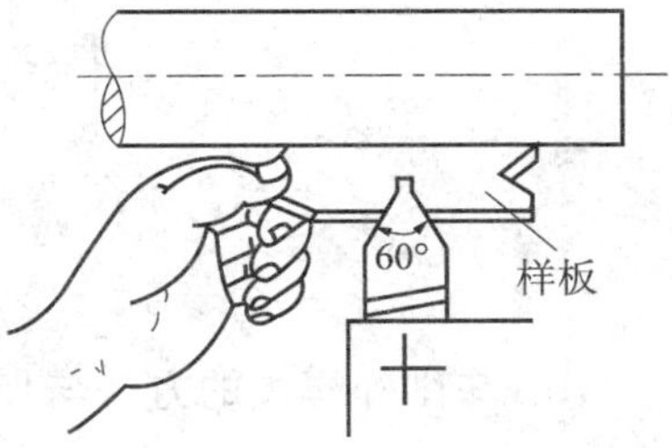

图 1.51　用样板对刀

3. 车床的调整

车螺纹时，必须满足的运动关系是：工件每转过 1 周时，车刀必须准确地移动 1 个螺距或导程(单线螺纹为螺距，多线螺纹为导程)。为了获得所需要的工件螺距，必须调整车床和配换齿轮以保证工件与车刀的正确运动关系。如图 1.52 所示，工件由主轴带动，车刀由丝杠带动，主轴与丝杠之间是通过三星轮(z_1、z_2、z_3)、配换齿轮(a、b、c、d)和进给箱连接起来的。三星轮可改变丝杠的旋转方向，通过调整三星轮可车右旋螺纹或左旋螺纹。根据工件的螺距或导程，按进给箱标牌上所示的手柄位置来变换配换齿轮的齿数及各进给变速手柄的位置，可保证主轴与丝杠的传动比。

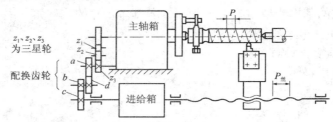

图 1.52　车螺纹时车床的传动系统

4. 车削普通螺纹的进刀方法

低速车螺纹时，一般选用高速钢车刀，进刀方法有以下三种：

(1) 直进法。如图 1.53(a)所示，车螺纹时，螺纹车刀刀尖及左右两侧刀刃都参加切削，每次进刀由中滑板进给，随螺纹深度的增加，切削深度相应减少，这种切削方法操作简单，可以得到比较正确的牙型，适用于螺距小于 2 mm 和脆性材料的螺纹车削。

(2) 左右切削法。如图 1.53(b)所示，车削时，除中滑板刻度控制车刀的横向进给外，同时使用小滑板刻度，使车刀左右微量进给。采用左右切削法时，要合理分配切削余量。由于是单刃车削，该方法排屑容易，不易扎刀。

(3) 斜进法。粗车时可采用斜进法，如图 1.53(c)所示，在每次往复行程后，除中滑板横向进给外，小滑板向一个方向作微量进给。

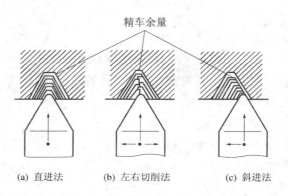

(a) 直进法　　　　(b) 左右切削法　　　　(c) 斜进法

图 1.53　低速车削普通螺纹的进刀方法

5. 车削外螺纹的方法与步骤

在车床上车削单头螺纹的实质就是使车刀的纵向进给量等于零件的螺距。为保证螺距的精度，应使用丝杠与开合螺母的传动来完成刀架的进给运动。车螺纹要经过多次走刀才能完成，在多次走刀过程中，必须保证车刀每次都落入已切出的螺纹槽内，否则，就会发生"乱扣"现象。当丝杠的螺距 P_s 是零件螺距 P 的整数倍时，可任意打开、合上开合螺母，车刀总会落入原来已切出的螺纹槽内,不会发生"乱扣"。若不为整数倍时,多次走刀和退刀时,均不能打开开合螺母,否则将发生"乱扣"。车削外螺纹的操作步骤如下:

(1) 开车对刀,使车刀与零件轻微接触,记下刻度盘读数,向右退出车刀,如图 1.54(a)所示。

(2) 合上开合螺母,在零件表面上车出一条螺旋线,横向退出车刀,停车,如图 1.54(b)所示。

(3) 开反车使车刀退到零件右端,停车,用钢直尺检查螺距是否正确,如图 1.54(c)所示。

(4) 利用刻度盘调整背吃刀量,开车切削,如图 1.54(d)所示。

(5) 刀将车至行程终了时,应作好退刀停车准备,先快速退出车刀,然后停车,开反车退回刀架,如图 1.54(e)所示。

(6) 再次横向切入,继续切削,如图 1.54(f)所示。

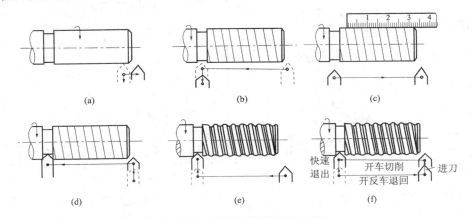

图 1.54　车削外螺纹的操作步骤

6. 螺纹车削的注意事项

(1) 消除拖板的"空行程"。

(2) 避免"乱扣"。当第一条螺旋线车好以后,第二次进刀后车削,刀尖不在原来的螺旋线(螺旋桩)中,而是偏左或偏右,甚至车在牙顶中间,将螺纹车乱的现象就叫做"乱扣"。预防乱扣的方法是采用倒顺(正反)车法车削。在用左右切削法车削螺纹时小拖板移动距离不要过大,若车削途中刀具损坏需重新换刀或者无意间提起开合螺母时,应注意及时对刀。

(3) 对刀。对刀前先要安装好螺纹车刀,然后按下开合螺母,开正车(注意应该是空走刀)停车,移动中小拖板使刀尖准确落入原来的螺旋槽中(不能移动大拖板),同时根据所在螺旋槽中的位置重新做中拖板进刀的记号,再将车刀退出,开倒车,当车退至螺纹头部时,再进刀,对刀时一定要注意是正车对刀。

(4) 借刀。借刀就是螺纹车削一定深度后,将小拖板向前或向后移动一点距离再进行车削,借刀时注意小拖板移动距离不能过大,以免将牙槽车宽,发生"乱扣"。

(5) 使用两顶针装夹方法车螺纹时,工件卸下后再重新车削时,应该先对刀,后车削,以免发生"乱扣"。

(6) 加工中安全注意事项如下：

① 车螺纹前先检查好所有手柄是否处于车螺纹位置，防止盲目开车。

② 车螺纹时要思想集中，动作迅速，反应灵敏。

③ 用高速钢车刀车螺纹时，车头转速不能太快，以免刀具磨损。

④ 要防止车刀或者是刀架、拖板与卡盘、床尾相撞。

⑤ 旋螺母时，应将车刀退离工件，防止车刀将手划破，不要开车旋紧或者退出螺母。

7. 车外螺纹的质量分析

车削螺纹时产生废品的原因及预防方法如表 1.22 所示。

表 1.22　车削螺纹时产生废品的原因及预防方法

废品种类	产 生 原 因	预 防 方 法
尺寸不正确	车外螺纹前的直径不对； 车内螺纹前的孔径不对； 车刀刀尖磨损； 螺纹车刀切深过大或过小	根据计算尺寸车削外圆与内孔； 经常检查车刀并及时修磨； 车削时严格掌握螺纹切入深度
螺纹不正确	挂轮在计算或搭配时错误； 进给箱手柄位置放错； 车床丝杠和主轴窜动； 开合螺母塞铁松动	车削螺纹时先车出很浅的螺旋线，检查螺距是否正确； 调整好开合螺母塞铁，必要时在手柄上挂上重物； 调整好车床主轴和丝杠的轴向窜动量
牙型不正确	车刀安装不正确，产生半角误差； 车刀刀尖角刃磨不正确； 刀具磨损	用样板对刀； 正确刃磨和测量刀尖角； 合理选择切削用量并及时修磨车刀
螺纹表面不光洁	切削用量选择不当； 切屑流出方向不对； 产生积屑瘤，拉毛螺纹侧面； 刀杆刚性不够，产生震动	高速钢车刀车螺纹的切削速度不能太大，切削厚度应小于 0.06，并加切削液； 硬质合金车刀高速车螺纹时，最后一刀的切削厚度要大于 0.1，切屑要垂直于轴心线方向排出； 刀杆不能伸出过长，并选粗壮刀杆
扎刀和顶弯工件	车刀径向前角太大； 工件刚性差，而切削用量选择太大	减小车刀径向前角，调整中滑板丝杆螺母间隙； 合理选择切削用量，增加工件装夹的刚性

1.5.16　操作规程及文明生产

1. 车削安全操作规程

(1) 穿戴紧身的工作服和合适的工作皮鞋，不戴手套操作，长头发要压入帽内。

(2) 选用高度合适的工作踏板和防屑挡板。

(3) 两人共用一台车床时，只能一人操作(采取轮换方式进行)，并且注意他人安全。

(4) 卡盘扳手使用完毕后，必须及时取下，否则不能启动车床。

(5) 机床运转前，各手柄必须推到正确的位置上，然后低速运转 3～5 min，确认正常后，才可正式开始工作。

(6) 机床运转时，头部不要离工件太近，手和身体不能靠近正在旋转的工件。

(7) 机床运转时，不能用量具去测量工件尺寸，勿用手触摸工件的表面。

(8) 高速切屑时，要戴上工作帽和防护眼镜，以防切屑伤害。

(9) 使用摇动手柄时，动作要均匀，同时要注意掌握好进刀与退刀的方向，切勿搞错。

(10) 使用锉刀锉削工件时，应采用左手握柄、右手握锉刀头部的姿势。

(11) 使用砂布打磨工件时，最好采用打磨夹子。

2. 车削文明生产

1) 合理使用设备

(1) 开车前，应检查车床各部分机构是否完好，有无防护设备，各传动手柄是否放在空挡位置，变速齿轮的手柄位置是否正确，以防开车时因突然撞击而损坏车床。启动后，应使主轴低速空转 1～2 min，使润滑油散布到各处(冬天更为重要)，等车床运转正常后才能工作。

(2) 工作中主轴需要变速时，必须先停车；变换走刀箱手柄位置要在低速时进行。使用电器开关的车床不准利用正、反操作紧急停车，以免打坏齿轮。

(3) 为了保持丝杠的精度，除车螺纹外，不得使用丝杠进行自动进刀。

(4) 不允许在卡盘上、床身导轨上敲击或校直工件；床面上不准放工具或工件。

(5) 装夹较重的工件时，应该用木板保护床面，下班时如工件不卸下，应用千斤顶支承。

(6) 车刀磨损后，要及时刃磨，用钝刃车刀继续切削会增加车床负荷，甚至损坏机床。

(7) 车削铸铁、气割下料的工件时，导轨上的润滑油要擦去，工件上的型砂杂质应去除，以免损坏床面导轨。

(8) 使用切削液时，要在车床导轨上涂上润滑油。冷却泵中的切削液应定期更换。

(9) 下班前，应清除车床上及车床周围的切屑和切削液，擦净后按规定在加油部位加上润滑油。

(10) 下班后将大拖板摇至车床尾端，各转动手柄放在空挡位置，关闭电源。

2) 正确组织工作位置

(1) 工作时所用的工、夹、量具以及工件，应尽可能靠近和集中在操作者的周围。物件放置应有固定的位置，使用后要放回原处。

(2) 工具箱的布置应分类，并保持清洁、整齐。要求小心使用的物件要放置稳妥。

(3) 工作地周围应经常保持清洁整齐。

3) 正确使用工具，爱护量具

(1) 应根据工件自身用途正确使用工具，不能随意替代。

(2) 爱护量具，经常保持清洁，用后擦净、上油，放入盒内，并及时归还工具室。

1.5.17　切削过程中的切削规律

1．切削变形

金属切削过程是指在刀具和切削力的作用下形成切屑的过程，在这一过程中会出现许多物理现象，如切削力、切削热、积屑瘤、刀具磨损、加工硬化等。因此，研究切削过程对切削加工的发展和进步、保证加工质量、降低生产成本、提高生产效率等，都有着重要意义。

1) 切屑的形成过程

切屑是被切材料受到刀具前刀面的推挤，沿着某一斜面剪切滑移形成的，如图 1.55 所示。图中未变形的切削层 *AGHD* 可看成是由许多个平行四边形组成的，如 *ABCD*、*BEFC*、*EGHF* 等。当这些平行四边形受到前刀面的推挤时，便沿着 *BC* 方向向斜上方滑移，形成另一些平行四边形，由此可以看出，切削层不是由刀具切削刃削下来或劈开的，而是靠前刀面的推挤、滑移而形成的。

2) 切削过程变形区的划分

切削过程的实际情况要比前述的情况复杂得多。这是因为切削层金属受到刀具前刀面推挤产生剪切滑移变形后，还要继续沿着前刀面流出变成切屑。在这个过程中，切削层金属要产生一系列变形，通常将其划分为三个变形区，如图 1.56 所示。图中 Ⅰ 为第一变形区。主要是剪切滑移变形，即当工件受到刀具的挤压、摩擦力后，切削层金属在始滑移面 *OA* 以左发生弹性变形，在 *OA* 面上，应力达到材料的屈服点 σ_s，则发生塑性变形，产生滑移现象，在终滑移面 *OM* 上，应力和变形达到最大值。越过 *OM* 面，切削层金属将脱离工件基体，沿着前刀面流出而形成切屑。图中 Ⅱ 为第二变形区。切屑底层(与前刀面接触层)沿前刀面产生挤压摩擦变形，使靠近前刀面处的金属纤维化，即第二变形区域。图中Ⅲ为第三变形区。此变形区位于后刀面与已加工表面之间，切削刃钝圆部分及后刀面对已加工表面进行挤压，使已加工表面产生变形，造成纤维化和加工硬化。

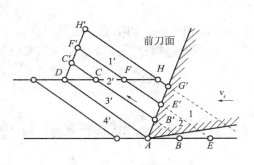

图 1.55　晶面滑移与切屑形成

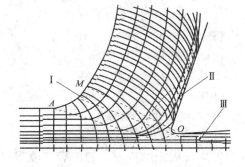

图 1.56　切削变形划分的三个区域

3) 切屑的类型(第Ⅰ变形区)

根据不同的工件材料和切削过程中的不同变形程度，切屑分为四种类型，如图 1.57 所示。

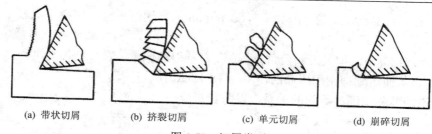

|(a) 带状切屑|(b) 挤裂切屑|(c) 单元切屑|(d) 崩碎切屑|

图 1.57　切屑类型

(1) 带状切屑(见图 1.57(a))。带状切屑是最常见的一种切屑。它的内表面光滑，外表面是毛茸状的。在加工塑性金属材料时，一般常得到这类切屑。它的切削过程平稳、切削力波动较小、已加工表面粗糙度较小。

(2) 挤裂切屑(见图 1.57(b))。挤裂切屑与带状切屑的不同之处在于外表面呈锯齿形，内表面有时有裂纹。这种切屑大多在切削速度较低、切削厚度较大、刀具前角较小的塑性材料时产生。

(3) 单元切屑(见图 1.57(c))。单元切屑又称粒状切屑。如果在挤裂切屑的剪切面上，裂纹扩展到整个面，则整个单元被切离，称为单元切屑。

(4) 崩碎切屑(见图 1.57(d))。在切削脆性材料时，易产生崩碎切屑。它的切削过程很不平稳，容易破坏刀具，也易损伤机床，已加工表面又粗糙，因此在生产中应尽量避免。

带状、挤裂、单元切屑是在切削塑性材料时产生的不同屑形；崩碎切屑是在切削脆性材料时产生的屑形。生产中可改变加工条件，使得屑形向有利的方面转化。例如切削塑性金属时，随着切削速度提高、进给量减小和前角增大，可由挤裂切屑或单元切屑转化为带状切屑。切削铸铁时，采用大前角、高速切削也可形成长度较短的带状切屑。

4) 积屑瘤(第 II 变形区)

(1) 积屑瘤的形成。

在中速切削塑性金属时，切屑很容易在前刀面接近切削刃处形成一个三角形的硬楔块，这个楔块被称为积屑瘤。在生产中对钢、铝合金和铜等塑性金属进行中速车、钻、铰、拉削和螺纹加工时常会出现积屑瘤(见图 1.58)。

(2) 积屑瘤对切削过程的影响。

积屑瘤的硬度很高，可达工件材料硬度的 2～3倍，它能够代替切削刃进行切削，对切削刃有一定的保护作用；增大实际前角，减小切削变形；由积屑瘤

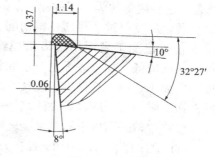

图 1.58　积屑瘤

堆积成的钝圆弧刃口会造成挤压和过切现象，使加工精度降低；积屑瘤脱落后黏附在已加工表面上，恶化表面质量。所以精加工时应避免产生积屑瘤。

(3) 消除积屑瘤的措施。

切削实验和生产实践表明，在中温情况下，例如切削中碳钢，温度在 300～380℃时积屑瘤的高度最大，温度超过 500～600℃时积屑瘤消失。根据这一特性，生产中常采取以下措施来抑制或消除积屑瘤。

① 采用低速或高速切削，避开易产生积屑瘤的切削速度区域。如图 1.59(a)所示，切削

45# 钢时，在 $v_c < 3$ m/min 的低速和 $v_c \geqslant 60$ m/min 的高速范围内，摩擦系数较小，不易形成积屑瘤。

② 减小进给量 f，增大刀具前角 γ_o，提高刀具刃磨质量，合理选用切削液，以使摩擦和黏结减小，从而达到抑制积屑瘤的作用(见图 1.59(b))。

③ 合理调节各切削参数间的关系，以防止形成中温区。

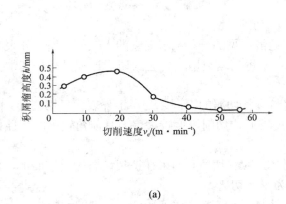

(a)

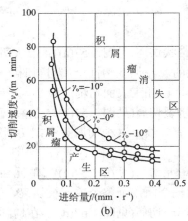

(b)

图 1.59　切削参数对积屑瘤的影响

5) 加工硬化(第Ⅲ变形区)

加工硬化是第 Ⅲ 变形区内产生的物理现象。刀具的刃口实际上无法磨得绝对锋利，当在钝圆弧刃和其邻近后面切削、挤压、摩擦的作用下，使已加工表面层的金属晶格产生扭曲、挤紧和碎裂，如图 1.60 所示，造成已加工表面的硬度增高，这种现象称为加工硬化，亦称为冷作硬化。

硬化程度严重的材料使得切削变得困难。冷硬还使得已加工表面出现显微裂纹和残余应力等，从而降低了加工表面的质量和材料的疲劳强

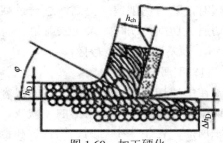

图 1.60　加工硬化

度。例如不锈钢、高锰钢以及钛合金等由于切削后硬化严重，故影响刀具的使用寿命。因此，在切削加工中应尽量设法减轻或避免已加工表面的加工硬化。

生产中常采用以下措施来减轻硬化程度：

(1) 磨出锋利的切削刃。若在刃磨时切削刃钝圆半径由 0.5 mm 减少到 0.005 mm，则可使硬化程度降低 40%。

(2) 增大前角和后角。前角增大，减小切削力和切削变形；后角增大，防止后刀面与加工表面摩擦，此前将前脚、后角适当加大，亦可减小切削刃钝圆半径。

(3) 减小背吃刀量。适当减少切入深度，可使切削力减小，硬化程度减轻，例如背吃刀量由 1.2 mm 减小到 0.1 mm，可使硬化程度降低 17%。

(4) 合理选用切削液。浇注切削液能减小刀具后刀面与切削表面的摩擦，从而减轻硬化程度。

6) 影响切屑变形的主要因素

影响切屑变形的主要因素有工件材料、刀具前角、切削速度和进给量。

(1) 工件材料。工件材料的塑性越大，强度、硬度越低，屈服极限越低，越容易变形，切屑变形就越大；反之，切削强度、硬度高的材料，不易产生变形，若需达到一定变形量，应施加较大作用力和消耗较多的功率(见图1.61)。

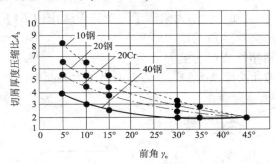

图 1.61　加工材料对切削变形的影响

(2) 刀具前角。刀具前角越大，切削刃越锋利，刀具前面对切削层的挤压作用越小，则切屑变形就越小。

(3) 切削速度。如图 1.62 所示，在有积屑瘤生成的速度范围内($v_c \leqslant 40$ m/min)，主要是通过积屑瘤形成实际前角的变化来影响切屑变形。

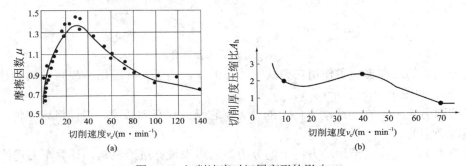

图 1.62　切削速度对切屑变形的影响

(4) 进给量。进给量增加使切削厚度增加，摩擦系数减小，故变形系数减小(见图1.63)。

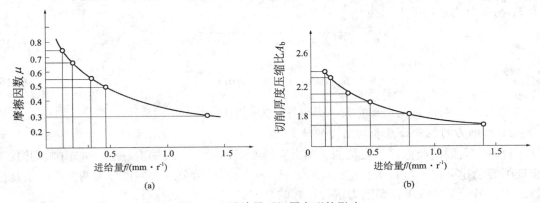

图 1.63　进给量对切屑变形的影响

2．切削力

切削力是工件材料抵抗刀具切削所产生的抗力。分析和计算切削力是进行机床、刀具、夹具设计，制定合理的切削用量，优化刀具几何参数的重要依据。在自动化生产和精密加工中，也常利用切削力来检测和监控刀具的切削过程，如刀具折断、磨损、破损等。

1) 切削力的来源

由对切削变形的分析可知，切削力来源于三个方面(如图 1.64 所示)：

(1) 克服被加工材料弹性变形的抗力。

(2) 克服被加工材料塑性变形的抗力。

(3) 克服切屑对前刀面的摩擦力和刀具后刀面对过渡表面与已加工表面之间的摩擦力。

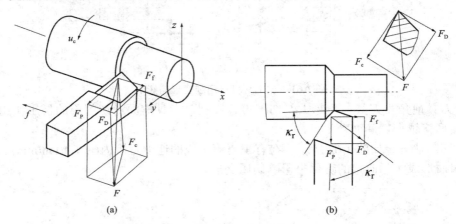

(a)　　　　　　　　　　　　　　　　(b)

图 1.64　切削合力及其分力

三方面力的总和形成了作用在刀具上的合力 F，为了实际应用，F 可分解为相互垂直的三个分力(如图 1.64(b)所示)。

主切削力 F_c——在主运动方向上的分力。它是计算车刀强度、设计机床零件、确定机床功率所必需的。

进给力 F_f——在进给运动方向上的分力。它用来设计进给机构，计算车刀进给功率。

背向力 F_p——在垂直于假定工作平面上的分力。它用来计算机床零件和车刀强度。

F_f 与 F_p 也是推力 F_D 的分力，推力是在基面上且垂直于主切削刃的合力。合力 F、推力 F_D 与各分力之间的关系为

$$F = \sqrt{F_D^2 + F_c^2} = \sqrt{F_c^2 + F_f^2 + F_p^2} \tag{1.17}$$

$$F_p = F_D \cos \kappa_r；\quad F_f = F_D \sin \kappa_r \tag{1.18}$$

式(1.18)表明，主偏角 κ_r 的大小影响各分力间的比例。

2) 切削力的经验公式和切削力的估算

目前，人们已经积累了大量的切削力实验数据，对于一般加工方法，如车削、孔加工和铣削等已建立起了可直接利用的经验公式。常用的经验公式大体可分为两类：一类是指数公式；另一类是按单位切削力进行计算的公式。

(1) 切削力的指数公式。

切削力的指数公式是将测力后得到的实验数据通过数学整理或计算机处理后建立的。常用的指数公式的形式为

$$F_c = C_{Fc}a_p^{x_{Fc}} f^{y_{Fc}} v_c^{n_{Fc}} K_{Fc} \tag{1.19}$$

$$F_f = C_{Ff}a_p^{x_{Ff}} f^{y_{Ff}} v_c^{n_{Ff}} K_{Ff} \tag{1.20}$$

$$F_p = C_{Fp}a_p^{x_{Fp}} f^{y_{Fp}} v_c^{n_{Fp}} K_{Fp} \tag{1.21}$$

式中：F_c、F_f、F_p——各切削分力(单位为 N)；

C_{Fc}、C_{Ff}、C_{Fp}——公式中的系数，根据加工条件由实验确定；

x_{Fc}、x_{Ff}、x_{Fp}——表示各因素对切削力的影响指数；

K_{Fc}、K_{Ff}、K_{Fp}——修正系数。

根据式(1.19)～式(1.21)就可以容易地估算某种具体加工条件下的切削力和切削功率了。例如用 YT15 硬质合金车刀外圆纵车 $\sigma_b = 0.65$ GPa 的结构钢，车刀的几何参数为 $\kappa_r = 45°$，$\gamma_o = 10°$，$\lambda_s = 0°$，切削用量为：$a_p = 4$ mm，$f = 0.4$ mm/r，$v_c = 1.7$ m/s。把由表 1.23 查出的系数和指数代入式(1.19)～式(1.21)(由于所给条件与表 1.21 中的条件相同，故 $K_{Fc}=K_{Ff}=K_{Fp}=1$)，可得

$$F_c = C_{Fc}a_p^{x_{Fc}} f^{y_{Fc}} v_c^{n_{Fc}} K_{Fc} = 2795 \times 4^{1.0} \times 0.4^{0.75} \times 1.7^{-0.15} \times 1 = 5193.1 \quad (N)$$

$$F_f = C_{Ff}a_p^{x_{Ff}} f^{y_{Ff}} v_c^{n_{Ff}} K_{Ff} = 2080 \times 4^{1.0} \times 0.4^{0.5} \times 1.7^{-0.4} \times 1 = 4255.7 \quad (N)$$

$$F_p = C_{Fp}a_p^{x_{Fp}} f^{y_{Fp}} v_c^{n_{Fp}} K_{Fp} = 1940 \times 4^{0.9} \times 0.4^{0.6} \times 1.7^{-0.3} \times 1 = 3324.7 \quad (N)$$

表 1.23 硬质合金车刀外圆纵车、横车及镗孔时，公式中系数 C_F、
指数 x_F、y_F、n_F 和单位切削力值 k_c

加工材料	加工型式	切削力 F_c $F_c = C_{Fc}a_p^{x_{Fc}} f^{y_{Fc}} v_c^{n_{Fc}} K_{Fc}$				背向力 F_p $F_p = C_{Fp}a_p^{x_{Fp}} f^{y_{Fp}} v_c^{n_{Fp}} K_{Fp}$				进给力 F_f $F_f = C_{Ff}a_p^{x_{Ff}} f^{y_{Ff}} v_c^{n_{Ff}} K_{Ff}$			
		C_{Fc}	X_{Fc}	Y_{Fc}	n_{Fc}	C_{Fp}	X_{Fp}	Y_{Fp}	n_{Fp}	C_{Ff}	X_{Ff}	Y_{Ff}	n_{Ff}
结构钢铸铁 $\sigma_b = 650$ MPa	外圆纵车、横车及镗孔	2795	1.0	0.75	−0.15	1940	0.90	0.6	−0.3	2880	1.0	0.5	−0.4
	外圆纵车 ($\kappa_r' = 0°$)	3570	0.9	0.9	−0.15	2845	0.60	0.3	−0.3	2050	1.05	0.2	−0.4
	切槽及切断	3600	0.7	0.8	0	1390	0.73	0.67	0	—	—	—	—
不锈钢 1Cr18Ni9Ti 硬度 141 HBS	外圆纵车、横车及镗孔	2000	1.0	0.75	0	—	—	—	—	—	—	—	—
灰铸铁 硬度 190 HBS	外圆纵车、横车及镗孔	900	1.0	0.75	0	530	0.9	0.75	0	450	1.0	0.4	0
	外圆纵车 ($\kappa_r' = 0°$)	1205	1.0	0.85	0	600	0.6	0.5	0	235	1.05	0.2	0
可锻铸铁 硬度 150 HBS	外圆纵车 ($\kappa_r' = 0°$)	795	1.0	0.75	0	420	0.9	0.75	0	375	1.0	0.4	0

加工材料	单位切削力 $k_c = C_{Fc}/f^{1-y_{Fc}}$　(N·mm^{-2})												
f	0.1	0.15	0.2	0.26	0.3	0.36	0.41	0.48	0.56	0.66	0.71	0.81	0.96
结构钢铸铁 σ_b 650 MPa	4991	4508	4171	3937	3777	3630	3494	3367	3213	3106	3038	2942	2823
	4518	4301	4200	4103	4011	3967	3923	3839	3798	3719	3680	3642	3607
	5714	5294	5000	4737	4557	4390	4286	4186	4045	3913	3171	3750	3636
不锈钢 1Cr18Ni9Ti 硬度 141 HBS	3571	3226	2898	2817	2701	2597	2509	2410	2299	2222	2174	2105	2020
灰铸铁 硬度 190 HBS	1607	1451	1304	1267	1216	1169	1125	1084	1034	1000	978	947	909
	1697	1607	1525	1470	1452	1401	1385	1339	1310	1282	1268	1242	1217
可锻铸铁 硬度 150 HBS	1419	1282	1152	1120	1074	1132	994	958	914	883	864	836	803

(2) 单位切削力。

$$k_c = \frac{F_c}{A_D} = \frac{C_{Fc}a_p^{x_{Fc}}f^{y_{Fc}}}{a_p f} = \frac{C_{Fc}}{f^{1-y_{Fc}}} \tag{1.22}$$

式中：k_c——单位切削力；

　　　A_D——切削层面积。

3) 切削功率

在切削过程中主运动消耗的功率约占 95%，因此，常用它核算加工成本、计算能量消耗和选择机床主电动机功率。

主运动消耗的功率 P_c(单位为 kW)应为

$$P_c = k_c a_p f v_c = \frac{F_c v_c}{60 \times 10^3} \tag{1.23}$$

式中：F_c——切削力(单位为 N)；

　　　v_c——切削速度(单位为 m/min)；

　　　P_c——切削功率(单位为 kW)。

上例中主运动消耗的功率

$$P_c = F_c v_c \times 10^{-3} = 5193.1 \times 1.7 \times 10^{-3} \approx 8.8 \text{ (kW)}$$

4) 影响切削力的主要因素

(1) 工件材料的影响。

工件材料的硬度和强度越高、变形抗力越大，切削力就越大；当材料的强度相同时，塑性和韧性大的材料，加工时切削力大。钢的强度与塑性变形大于铸铁，因此同样情况下切钢时产生的切削力大于切铸铁时产生的切削力。

(2) 切削用量的影响。

进给量 f、背吃刀量 a_p 增大时，切削力也随之增大。但二者的影响程度不同，a_p 与 F_c

成正比，即 a_p 增大 1 倍，F_c 也增大 1 倍；而 f 与 F_c 不成正比，即 f 增大 1 倍时 F_c 增大 70%～80%。由此可知，a_p 对切削力的影响显著，f 次之。切削速度 v_c 对切削力 F_c 的影响见图 1.65。

（3）刀具几何参数的影响。

前角 γ_0 对切削力影响较大，如图 1.66 所示，当 γ_0 增大时，排屑阻力减小，切削变形减小，使切削力减小。主偏角 κ_r 对进给力 F_f、背向力 F_p 影响较大，如图 1.67(a) 所示，当 κ_r 增大时，F_f 增大，而 F_p 则减小。刃倾角 λ_s 对背向力 F_p 有显著的影响，即刃倾角负值（$-\lambda_s$）增大，作用于工件的背向力 F_p 增大。此外，刀尖圆弧半径、刀具刃磨程度、切削液的润滑性能等因素对切削力也有一定的影响，如图 1.67(b) 所示。

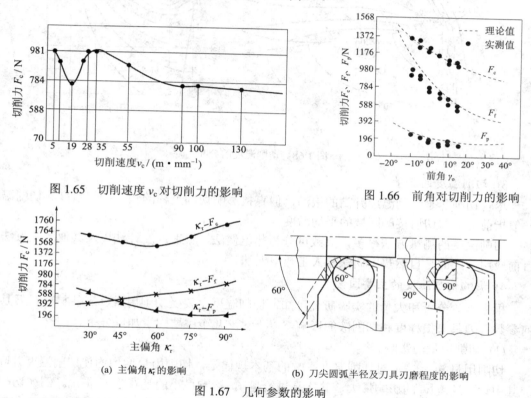

图 1.65　切削速度 v_c 对切削力的影响　　　　图 1.66　前角对切削力的影响

(a) 主偏角 κ_r 的影响　　　　　　　　(b) 刀尖圆弧半径及刀具刃磨程度的影响

图 1.67　几何参数的影响

3. 切削温度

1）切削热的来源与传导

被切削的金属在刀具的作用下，发生弹性和塑性变形而耗功，这是切削热的一个重要来源。此外，切屑与前刀面、工件与后刀面之间的摩擦也要耗功，也产生出大量的热量。因此，切削时共有三个发热区域，即剪切面、切屑与前刀面接触区、后刀面与过渡表面接触区。

切削热由切屑、刀具、工件及周围介质传散。例如车削加工时，$Q_{屑}$ 占 50%～86%、$Q_{刀}$ 占 10%～40%，$Q_{工}$ 占 9%～3%，$Q_{介}$ 占 1%。切削速度愈高或切削厚度愈大，则切屑带走的热量愈多。

2) 切削温度的分布

如图 1.68 所示，切屑带走的热量最多，它的平均温度高于刀具和工件上的平均温度，因此切屑塑性变形严重。切削区域的最高温度在前刀面距离切削刃大约 1 mm 处。

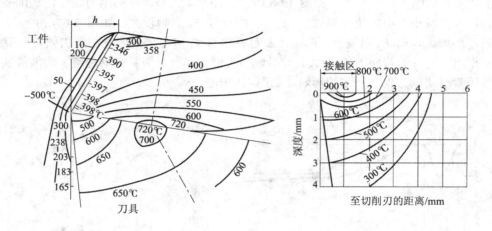

图 1.68　切削温度的分布

3) 切削温度的测量

尽管切削热是切削温度升高的根源，但直接影响切削过程的却是切削温度。切削温度一般指前刀面与切屑接触区域的平均温度。

切削温度的测量方法很多，大致可分为热电偶法、辐射温度计法以及其他测量方法。目前应用较广的是自然热电偶法和人工热电偶法。

4) 影响切削温度的主要因素

根据理论分析和大量的实验研究可知，切削温度主要受切削用量、工件材料、刀具几何参数、刀具磨损程度和切削液的影响。以下对这几个主要因素加以分析。

(1) 切削用量的影响。

切削用量 a_p、f、v_c 对切削温度影响的基本规律是，切削用量增加均使切削温度升高，但其中切削速度 v_c 的影响最大，其次是进给量 f，影响最小的是背吃刀量 a_p。例如切削速度增加一倍时，切削温度增高 30%～45%。进给量增加一倍时，切削温度增高 15%～20%。背吃刀量增加一倍时，切削温度只增高 5%～8%。

(2) 工件材料的影响。

工件材料的强度和硬度越高，消耗的切削功也就越多，切削温度越高；工件材料的导热系数越低，切削区的热量传出越少，切削温度就越高。脆性材料的强度一般都较低，切削时塑性变形很小，切屑呈崩碎或脆性带状，与前刀面摩擦也小，切削温度一般比塑性材料低。

(3) 刀具几何参数的影响。

如图 1.69 所示，前角和主偏角对切削温度影响较大。前角增大，刀具变形和摩擦减小，因而切削热少。但前角不能过大，否则刀头部分散热体积减小，不利于切削温度的降低。主偏角减小将使切削刃工作长度增加，散热条件改善，因而使切削温度降低。

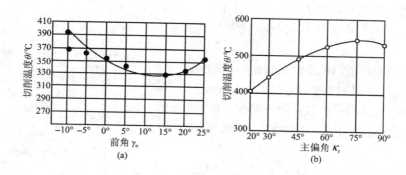

图 1.69 刀具几何参数对切削温度的影响

(4) 刀具磨损程度的影响。

在后刀面的磨损值达到一定数值后，对切削温度的影响增大；切削速度愈高，影响就愈显著。合金钢的强度大，热导率小，所以切削合金钢时刀具磨损对切削温度的影响，就比切削碳素钢时大。

(5) 切削液的影响。

切削液对切削温度的影响，与切削液的导热性能、比热容、流量、浇注方式以及本身的温度有很大的关系。从导热性能来看，油类切削液不如乳化液，乳化液不如水基切削液。

4. 刀具磨损与刀具寿命

1) 刀具磨损

(1) 刀具磨损的形式。

在切削过程中，刀具的前、后面始终与切屑、工件接触，在接触区内发生着强烈的摩擦并伴随着很高的温度和压力，因此刀具的前、后面都会产生磨损，如图 1.70 所示。

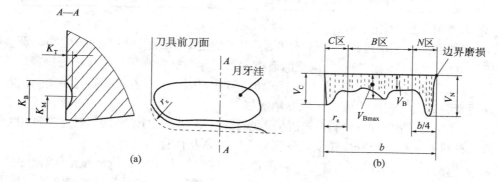

图 1.70 刀具磨损的测量位置

刀具前面磨损的形式是月牙洼磨损。用较高的切削速度和较大的切削厚度切削塑性金属时，前面上磨出一道沟，这条沟称为月牙洼磨损，其深度为 K_T，宽度为 K_B，如图 1.70(a) 所示。刀具后面磨损的形式如图 1.70(b) 所示，磨损分为三个区域：刀尖磨损 C 区(磨损量 V_C)、中间磨损 B 区(磨损量 V_B)和边界磨损 N 区(磨损量 V_N)。切削脆性金属时，后面易磨损。切削塑性金属时，前、后面同时磨损。

(2) 刀具磨损的过程和刀具磨损的标准。

刀具磨损的过程可分为三个阶段，如图 1.71 所示。

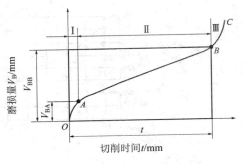

图 1.71　刀具磨损曲线

① 初期磨损阶段(AB 段)。在开始切削的短时间内，将刀具表面的不平度磨掉。

② 正常磨损阶段(BC 段)。随着切削时间的增长，磨损量以较均匀的速度加大，AB 线基本上呈直线。

③ 急剧磨损阶段(CD 段)。磨损量达到一定数值后，磨损急剧加速，继而刀具损坏。生产中为合理使用刀具，保证加工质量，应避免达到该阶段。在生产中通过磨损过程或磨损曲线来控制刀具使用时间和衡量、比较刀具切削性能的好坏、刀具寿命的长短。

磨损标准：刀具磨损到一定限度就不能继续使用，这个磨损限度称为磨损标准。

如表 1.24 所示，在国家标准中规定的磨损标准通常以后刀面的中间磨损量 V_B 来表示磨损的程度。由于切削过程比较复杂，影响加工的因素很多，因此刀具磨损量的测定必须考虑生产实际的具体情况。

表 1.24　硬质合金车刀的磨钝标准

加工条件	磨钝标准 V_B/mm
精车	0.1～0.3
粗车合金钢、粗车刚性较差的工件	0.4～0.5
粗车钢料	0.6～0.8
精车铸铁	0.8～1.2
低速粗车钢及铸铁大件	1.0～1.5

(3) 刀具磨损的原因。

① 磨粒磨损。切削过程中工件或切屑上的硬质点(如工件材料中的碳化物、剥落的积屑瘤碎片等)在刀具表面上刻划出沟痕而造成的磨损称为磨粒磨损，也称机械磨损。

② 黏结磨损。在高温高压的作用下，切屑与前刀面、工件表面与后刀面之间接触与摩擦，使两者黏结在一起，造成刀具的黏结磨损。

③ 相变磨损。高速钢材料有一定的相变温度(550～600℃)。当切削温度超过相变温度时，刀具材料的金相组织发生转变，硬度显著下降，从而使刀具迅速磨损。

④ 扩散磨损。在高温高压作用下，两个紧密接触的表面之间的金属元素将产生扩散。用硬质合金刀具切削时，硬质合金中的钨、钛、钴、碳等元素扩散到切屑和工件材料中去，从而改变了硬质合金表层的化学成分，使它的硬度和强度下降，加快了刀具磨损。

⑤ 氧化磨损。在高温下(700℃以上)，空气中的氧与硬质合金中的钴和碳化钨发生氧化作用，产生组织疏松脆弱的氧化物，这些氧化物极易被切屑和工件带走，从而造成刀具磨损。

不同的刀具材料在不同的使用条件下造成磨损的主要原因是不同的。对高速钢刀具来说，磨粒磨损和黏结磨损是它产生正常磨损的主要原因，相变磨损是它产生急剧磨损的主要原因。对硬质合金刀具来说，在中、低速时，磨粒磨损和黏结磨损是它产生正常磨损的主要原因，在高速切削时刀具磨损主要由磨粒磨损、扩散磨损和氧化磨损造成。而扩散磨损是硬质合金刀具产生急剧磨损的主要原因。

2) 刀具寿命 T

(1) 刀具寿命的定义。

刀具耐用度是指刀具从开始切削至达到磨钝标准为止所用的切削时间 T(min)。有时也可用达到磨钝标准所加工零件的数量或切削路程表示。刀具耐用度是一个判断刀具磨损量是否已达到磨钝标准的间接控制量。

(2) 影响刀具寿命 T 的因素。

若磨钝标准相同，刀具寿命大，则表示刀具磨损慢。因此影响刀具磨损的因素也就是影响刀具寿命的因素。

① 工件材料的影响。工件材料的强度、硬度越高，导热性越差，刀具磨损越快，刀具寿命就会越低。

② 切削用量的影响。切削用量 v_c、f、a_p 增加时，刀具磨损加剧，刀具寿命降低。其中影响最大的是切削速度 v_c，其次是进给量 f，影响最小的是背吃刀量 a_p。切削速度对刀具寿命的影响如图 1.72 所示。由图可知，在一定的切削速度范围内，刀具寿命最高，提高或降低切削速度都会使刀具寿命下降。

③ 刀具的影响。刀具材料的耐磨性、耐热性越好，刀具寿命就越高。前角 γ_o 增大，能减少切削变形，减

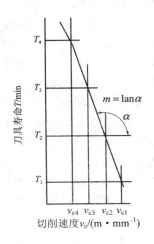

图 1.72　切削速度对刀具寿命的影响

少切削力及功率的消耗，因而切削温度下降，刀具寿命增加。但是如果前角过大，则楔角 β_o 过小，刃口强度和散热条件就不好，反而使刀具寿命降低。刀尖圆弧半径增大或主偏角减小，都会使刀刃的工作长度增加，使散热条件得到改善，从而降低切削温度。

④ 切削液的影响。切削液对刀具寿命的影响与切削温度有很大的关系。切削温度越高，刀具寿命越短。切削液本身的温度越低，就能越明显地降低切削温度，如果将室温(20℃)的切削液降温至 5℃，则刀具寿命可提高 50%。

(3) 刀具寿命的合理数值。

刀具寿命也并不是越长越好。如果刀具寿命选择过长，势必要选择较小的切削用量，结果使加工零件的切削时间大为增加，反而降低生产率，使加工成本提高。反之，如果耐用度选择过低，虽然可以采用较大的切削用量，但却因为刀具很快磨损而增加了刀具材料的消耗和换刀、磨刀、调刀等辅助时间，同样会使生产率降低和成本提高。因此加工时要根据具体情况选择合适的刀具寿命。

从上述分析可知，每种刀具材料都有一个最佳切削速度范围。为了提高生产率，通常切削速度和刀具寿命 T 的关系可用下列实验公式表示：

$$vT^m = C \tag{1.24}$$

式中：v——切削速度(单位为 m/min)；

　　　m——表示影响程度的指数，对于高速钢车刀，$m = 0.125$，对于硬质合金车刀，$m = 0.2$；

　　　　T——刀具寿命(单位为 min);

　　　　C——系数，与刀具、工件材料和切削条件有关。

　　由式(1.24)可以看出，切削速度对刀具耐用度的影响很大，提高切削速度，刀具寿命就会降低。

　　生产中一般根据最低加工成本的原则来确定刀具寿命，而在紧急情况下可根据最高生产率的原则来确定刀具寿命。刀具寿命推荐的合理数值可在有关手册中查到。下列数据可供参考:

　　高速钢车刀：30～90 min;

　　硬质合金焊接车刀：60 rain;

　　高速钢钻头：80～120 rain;

　　硬质合金铣刀：120～180 min;

　　齿轮刀具：200～300 min;

　　组合机床、自动机床及自动线用刀具：240～480 min。

　　可转位车刀的推广和应用使换刀时间和刀具成本大大降低，从而降低刀具寿命 15～30 min，这就可大大提高切削用量，进一步提高生产率。

　　刀具磨损在金属切削过程中是一种不可避免的物理现象，随着切削过程的进行，刀具磨损不断增加，刀具越来越钝，切削力切削温度随之不断增加，故对零件加工精度、表面质量及机床动力消耗均有很大影响，刀具磨损的快慢对生产成本和劳动生产率有着直接影响。有时刀具磨损过快，使生产不能正常进行，因此，研究刀具磨损问题是十分重要的。

1.5.18　切屑的控制

　　在生产实践中我们常常可以看到，排出的切屑常常打卷，到一定长度会自行折断；但也有切屑呈带状直窜而出，特别在高速切削时，切屑很烫，很不安全，应设法使之折断。

1．切屑的卷曲和形状

　　切屑的卷曲是由于切屑内部变形或碰到断屑槽等障碍物造成的。切屑的形状是多种多样的，如带形、螺旋形、弧形、C 字形、6 字形、针形切屑等。较为理想、便于清理的屑形为 100 mm 以下长度的螺旋状切屑和不飞溅、定向落下的 C 字形、6 字形切屑。

2．切屑的折断

　　切屑经第Ⅰ、第Ⅱ变形区的严重变形后，硬度增加，塑性大大降低，性能变脆，从而为断屑创造了先决条件。由切屑经变形自然卷曲或经断屑槽等障碍物强制卷曲产生的拉应变超过切屑材料的极限应变值时，切屑即会折断。

3．断屑措施

　　生产中常用的断屑措施有:

　　(1) 磨制断屑槽，如图 1.73 所示，其中折线形和直线圆弧形适用于加工碳钢、合金钢、工具钢和不锈钢，全圆弧形适用于加工塑性大的材料和用于重型刀具，断屑槽尺寸 L_{Bn}(槽宽)、C_{Bn}(槽深)或 r_{Bn} 应根据切屑厚度取大些以防产生堵屑现象。

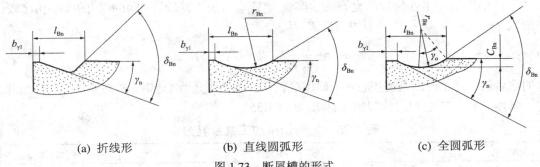

(a) 折线形   (b) 直线圆弧形   (c) 全圆弧形

图 1.73 断屑槽的形式

如图 1.74 所示，断屑槽在前刀面上的位置有外斜式、平行式(适用粗加工)和内斜式(适于半精加工和精加工)。改变切削用量，主要是增大进给量，使切屑厚度增大，从而使切屑易折断。改变刀具角度，主要是增大主偏角 κ_r，使切屑厚度增大，使切屑易折断。

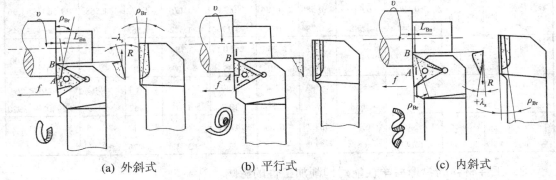

(a) 外斜式   (b) 平行式   (c) 内斜式

图 1.74 断屑槽的斜角

(2) 可以通过改变刃倾角 λ_s 的正、负值控制切屑流向达到断屑，对于塑性很高的工件材料，还可采用振动切削装置达到断屑的目的，如图 1.75 所示。

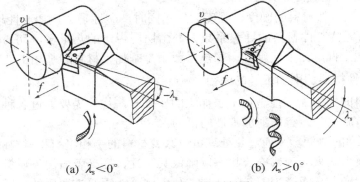

(a) $\lambda_s < 0°$ (b) $\lambda_s > 0°$

图 1.75 刃倾角 λ_s 控制断屑

1.5.19 材料的切削加工性

1. 衡量工件材料切削加工性的指标

工件材料切削加工性是指工件材料切削加工时的难易程度。通常采用在一定刀具耐用

度 T 下，切削某种工件材料所允许的切削速度 V_T，与加工性较好的 45# 钢的 $(V_T)_i$ 相比较，一般取 $T=60$ min，则相对切削加工性 K_r 为

$$K_r = \frac{V_T}{(V_T)_i} \qquad (K_r > 1)$$

说明这种材料加工时刀具磨损较小，耐用度较高，加工性好于 45#钢。K_r 越大，加工性越好。

常用工件材料的相对切削加工性 K_r 见表 1.25。

表 1.25　相对切削加工性及其分级

切削加工性		易　切　削			较　易　切　削		较　难　切　削			难　切　削		
等级代号		0	1	2	3	4	5	6	7	8	9	9a
硬度	HBS	≤50	>50 ~100	>100 ~150	>150 ~200	>200 ~250	>250 ~300	>300 ~350	>350 ~400	>400 ~480	>480 ~635	>635
	HRC	—	—	—	—	>14~ 24.8	>24.8 ~32.3	>32.3 ~38.1	>38.1 ~43	>43 ~50	>50 ~60	>60
抗拉强度 σ_b/GPa		≤0.196	>0.196 ~0.441	>0.441 ~ 0.588	>0.588 ~0.784	>0.784 ~0.98	>0.98 ~1.176	>1.176 ~1.372	>1.372 ~1.568	>1.568 ~1.764	>1.764 ~1.96	>1.96 ~2.45
伸长率 δ(%)		≤10	>10~15	>15~20	>20 ~25	>25 ~30	>30 ~35	>35 ~40	>40 ~50	>50 ~60	>60 ~100	>100
冲击韧性 α_k/(kJ·m^{-2})		≤196	>196~392	>392~ 588	>588 ~784	>784 ~980	>980 ~1372	>1372 ~1764	>1764 ~1962	>1962 ~2450	>2450 ~2940	>2940 ~3920
热导率 (W·m^{-1}·k^{-1})		418.68~ 293.08	<293.08~ 167.47	<167.47~ 83.74	<83.74 ~62.80	<62.80 ~41.87	<41.87 ~33.5	<33.5 ~25.12	<25.12 ~16.75	<16.75 ~8.37	<8.37	—

2．工件材料的物理力学性能对切削加工性的影响

(1) 硬度。工件材料的硬度越高，加工性越差。如不锈钢难加工就是这个原因。

(2) 强度。工件材料的强度越高，加工性越差。如合金钢与不锈钢加工性低于碳素钢就是因为此原因(常温强度相差不大)。

(3) 塑性。在工件材料的硬度、强度大致相同时，塑性越大，加工性越差。

(4) 导热系数。工件材料的导热系数大，由切屑带走的热量多，切屑温度低，刀具磨损慢，其切削加工性好，反之则差，导热系数小是难加工材料切削加工性差的原因之一。

3．改善工件材料切削加工性的途径

当工件材料的切削加工性满足不了加工的要求时，往往需要通过各种途径，针对难加工的因素采取措施达到改善切削加工性的目的。

(1) 采取适当的热处理。通过热处理可以改变材料的金相组织和材料的物理力学性能。例如，低碳钢采用正火处理或冷拔状态以降低其塑性、提高表面加工质量；高碳钢采用退火处理以降低硬度，从而减少刀具的磨损；马氏体不锈钢通过调质处理以降低塑性；热轧状态的中碳钢通过正火处理使其组织和硬度均匀；铸铁件一般在切削前都要进行退火以降低表层硬度，消除应力。

(2) 调整工件材料的化学成分。在大批量生产中，应通过调整工件材料的化学成分来改善切削加工性。例如易切钢就是在钢中适当添加一些化学元素(S、Pb 等)，这些化学元素以金属或非金属夹杂物状态分布，不与钢基体固溶，从而使得切削力小、容易断屑，且刀

具耐用度高，加工表面质量好。

1.5.20　切削液的合理选择

合理的选用切削液，对降低切削温度、减小刀具磨损、提高刀具耐用度、改善加工质量都有很好的效果。

1．切削液的作用

(1) 冷却作用。在切削过程中，切削液能带走大量的切削热，有效地降低切削温度，提高刀具耐用度。切削液冷却性能的好坏，主要取决于它的导热系数、比热、汽化热和流量的大小。一般说来，水溶液的冷却效果最好，乳化液其次，油类最差。

(2) 润滑作用。润滑作用是通过切削液渗透到刀具、切屑及工件表面之间形成润滑油膜而实现的。作为一种性能优良的切削液，除了具有良好的冷却、润滑性能外，还应具有防锈作用、不污染环境、稳定性好、价格低廉等特征。

2．切削液的种类和选用

(1) 水溶液。水溶液的主要成分是水，并在水中加入一定的防锈剂。它的冷却性能好，润滑性能差，呈透明状，常在磨削中使用。

(2) 乳化液。乳化液是将乳化油用水稀释而成的，呈乳白色，一般水占 95%～98%，故冷却性能好，并有一定的润滑性能。若乳化油占的比例大些，其润滑性能会有所提高。乳化液中常加入极压添加剂以提高油膜强度，起到良好的润滑作用。

一般材料的粗加工常使用乳化液，难加工材料的切削常使用极压乳化液。

(3) 切削油。切削油主要是矿物油(机油、煤油、柴油)，有时采用少量的动、植物油及它们的复合油。切削油的润滑性能好，但冷却性能差。为了提高切削油在高温高压下的润滑性能，通常在切削油中加入极压添加剂以形成极压切削油。

一般材料的精加工常使用切削油。难加工材料的精加工常使用极压切削油。

总之，切削液的品种很多，性能各异，通常应根据加工性质、工件材料和刀具材料等来选择合适的切削液，才能得到良好的效果。具体选择原则如下：

粗加工时，主要要求冷却，一般应选用冷却作用较好的切削液，如低浓度的乳化液等。精加工时，主要希望提高工件的表面质量和减少刀具磨损，一般应选用润滑作用较好的切削液，如高浓度的乳化液或切削油等。

加工一般钢材时，通常选用乳化液或硫化切削油；加工铜合金和有色金属时，一般不宜采用含硫化油的切削液，以免腐蚀工件。加工铸铁、青铜、黄铜等脆性材料时，一般不使用切削液。在低速精加工(如宽刀精刨、精铰、攻螺纹)时，可用煤油作为切削液。

高速钢刀具一般要根据加工性质和工件材料选用合适的切削液。硬质合金刀具一般不用切削液。

项目 2　尖齿铣刀铣削箱体结合面

【项目导入】

工作对象：图 2.1 所示为箱体零件图，中批量生产。

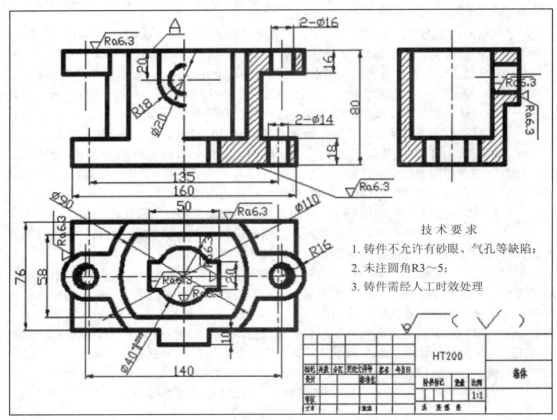

图 2.1　箱体零件图

箱体零件是机器及部件的基础零件。

功用：将机器及其部件中的轴、轴承、套和齿轮等零件按一定的相互位置关系装配成一个整体，使其按预定传动关系协调运动。箱体零件的加工精度直接影响机器的工作精度、使用性能和寿命。

【知识目标】

(1) 了解箱体类零件的结构特点。
(2) 掌握铣削加工的工艺范围及特点。
(3) 掌握常用铣刀的类型、参数与用途。
(4) 掌握平面铣削加工的工艺。

【能力目标】

(1) 具备根据箱体零件的平面加工要求合理拟定加工方法的能力。
(2) 具备合理选择铣刀并在铣床上安装与对刀的能力。
(3) 具备平面铣削加工的能力。
(4) 能使用常用量具对铣削加工的平面进行测量。

【项目任务】

(1) 为平面加工拟定合适的加工方法。
(2) 选用合适的铣刀。
(3) 安装铣刀、安排工件并对刀。
(4) 铣削箱体结合面 A 面。

任务 2.1 分析箱体零件图，拟定合适的加工方案，选用铣刀

【任务描述】

图 2.1 中 A 面为中批量生产，请根据尺寸、形状、工件材料等已知条件拟定合适的加工方案。

【知识目标】

(1) 了解箱体类零件的结构特点。
(2) 熟知平面常用的加工方法及特点。

【能力目标】

能根据零件图上的精度和技术要求，为其加工拟定合理的加工方案。

【教学组织方法】

教学组织方法见表 2.1。

表 2.1　任务 2.1 教学组织方法

资　讯	1. 准备知识：见本节"知识链接"； 2. 教学参考书：《金属切削原理与刀具》、《公差配合与技术测量》、《机械制图》、《机械制造技术》； 3. 讲解知识要点、观看实物、讲解案例、观看视频、参观工厂
计划与决策	1. 分组讨论，明确任务要求； 2. 编写任务实施计划和实施方案； 3. 讨论、分析实施计划的可行性(教师参与)，确定实施计划和方案； 4. 按计划分配任务到每一个人
实施与检查	分组检查实施方案及步骤
评　估	1. 零件结构特点分析的准确性、正确性和全面性； 2. 平面加工方案拟定的合理性

【教学过程】

2.1.1　资讯

(1) 明确任务要求：箱体的主要功能是支承其他诸如输出轴、齿轮等零件保持一定的位置关系，材料是 45# 钢，中批量生产，根据这些条件，分析输出轴的结构工艺性，拟定加工方法及顺序。

(2) 准备知识：零件结构工艺性分析、毛坯及热处理、表面加工方法的选择。

(3) 教学参考书：《金属切削原理与刀具》、《公差配合与技术测量》、《机械制图》、《机械制造技术》。

(4) 讲解知识要点、观看实物、讲解案例、观看视频、参观工厂。

2.1.2　计划与决策

1. 计划

图 2.1 中所保证的 80(高度尺寸)尺寸公差为自由公差(一般为 IT14～13 级)，表面粗糙度要求为 Ra 6.3，尺寸精度和表面粗糙度要求都比较低；材料为 HT200，灰口铸铁有着良好的切削加工性；中批量生产，在保证加工精度的前提下首先考虑切削加工效率较高的加工方法，综合以上分析拟定如下加工方法和顺序：

A 计划：

加工方法：端铣；加工顺序：粗铣→半精铣；加工设备：立式铣床；加工刀具：端面铣刀。

B 计划：

加工方法：周铣；加工顺序：粗铣→半精铣；加工设备：卧式铣床；加工刀具：圆柱铣刀。

C 计划：

加工方法：刨削；加工顺序：粗刨→精刨；加工设备：牛头刨床；加工刀具：刨刀。

2．决策

由于此零件为中批量加工，另外对平面的直线度没有精度要求，因此选择刨削加工，生产效率太低，应优先选用铣削加工方法。A 计划与 B 计划实际上同属于铣削加工，特别适合平面的粗加工和半精加工，但端铣相对于周铣刀杆短、刚性好、切削平稳，大直径端铣刀一次能加工出较大的宽度且无需接刀，端铣刀的刀片装夹方便且多为硬质合金，切削速度高，因此加工效率高。综合以上分析，铣 A 面的最优方案为 A 计划。

2.1.3　任务实施

拟定的 A 面具体的加工方案如表 2.2 所示。

表 2.2　A 面加工方案

工　序	加工方法	加工设备	刀具规格	刀具材料
粗铣 A 面	端铣	X5032	$\phi100$	YG8
半精铣 A 面	端铣	X5032	$\phi100$	YG8

2.1.4　检查与考评

1．检查

(1) 学生自行检查工作任务完成情况。

(2) 小组间互查，进行方案的技术性、经济性和可行性分析。

(3) 教师专查，进行点评，组织方案讨论。

(4) 针对问题进行修改，确定最优方案。

(5) 整理相关资料，归档。

2．考评

考核评价按表 2.3 中的项目和评分标准进行。

表 2.3　任务 2.1 考核评价表

序号	考核评价项目		考核内容	学生自检	小组互检	教师终检	配分	成绩
1	过程考核	专业能力	相关知识点的学习				50	
			能分析变速器箱体零件的结构工艺性					
			能拟定变速器箱体零件的加工方法及顺序					
2		方法能力	信息搜集、自主学习、分析解决问题、归纳总结及创新能力				10	
3		社会能力	团队协作、沟通协调、语言表达能力及安全文明、质量保障意识				10	
4	常规考核		自学笔记				10	
5			课堂纪律				10	
6			回答问题				10	

【知识链接】

2.1.5　箱体零件的功用与结构特点

箱体是各类机器的基础零件。它将机器和部件中的轴、套、齿轮等有关零件连接成一个整体，并使之保持正确的位置，以传递转矩或改变转速来完成规定的运动。因此，箱体的加工质量直接影响机器的性能、精度和寿命。

箱体的种类很多，按其功用可分为主轴箱、变速箱、操纵箱、进给箱等。

2.1.6　箱体材料及毛坯

箱体毛坯的制造方法有两种，一种是铸造，另一种是焊接。对于金属切削机床的箱体，由于形状较为复杂，而铸铁具有成形容易、可加工性良好、并且吸震性好、成本低等优点，所以一般都采用铸铁；对于动力机械中的某些箱体及减速器壳体等，除要求结构紧凑、形状复杂外，还要求体积小、质量轻等特点，所以可采用铝合金压铸，压力铸造毛坯，因其制造质量好、不易产生缩孔而应用十分广泛；对于承受重载和冲击的工程机械、锻压机床的一些箱体，可采用铸钢或钢板焊接；某些简易箱体为了缩短毛坯制造周期，也常常采用钢板焊接而成，但焊接件的残余应力较难消除干净。

箱体铸铁材料采用最多的是各种牌号的灰铸铁：如 HT200、HT250、HT300 等。对一些要求较高的箱体，如镗床的主轴箱、坐标镗床的箱体，可采用耐磨合金铸铁(又称密烘铸铁，例如 MTCrMoCu-300)、高磷铸铁(如 MTP-250)，以提高铸件质量。

箱体毛坯的加工余量与生产批量、毛坯尺寸、结构、精度和铸造方法等因素有关。

2.1.7　铣削加工工艺的范围与特点

1．铣削加工工艺的范围

机械零件一般都是由毛坯通过各种不同方法的加工而达到所需形状和尺寸的。铣削加工是最常用的切削加工方法之一。

所谓铣削，就是以铣刀旋转作主运动，工件或铣刀作进给运动的切削加工方法，铣削过程中的进给运动可以是直线运动，也可以是曲线运动，因此，铣削的加工范围比较广，生产效率和加工精度也较高。铣床加工工艺的范围如图 2.2 所示。

2．铣削加工工艺的特点

(1) 刀齿散热条件较好。铣刀刀齿在切离工件的一段时间内，可以得到一定的冷却，散热条件较好。但是，切入和切离时热和力的冲击将加速刀具的磨损，甚至可能引起硬质合金刀片的碎裂。

(2) 加工效率较高。因为铣刀是多齿刀具，铣削时有多个刀齿同时参与切削，且铣削速度较高，所以铣削加工的生产效率较高。

(3) 容易产生震动。由于铣削过程中每个刀齿的切削厚度不断变化，因此，铣削过程不平稳，容易产生震动。这也限制了铣削加工质量和生产率的进一步提高。

(4) 铣削加工的经济精度为 IT9～IT7,表面粗糙度为 Ra 6.3～1.6 μm,最低可达 0.8 μm。

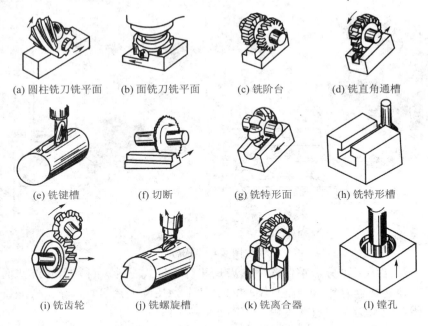

(a) 圆柱铣刀铣平面　　(b) 面铣刀铣平面　　(c) 铣阶台　　(d) 铣直角通槽

(e) 铣键槽　　　　　(f) 切断　　　　(g) 铣特形面　　(h) 铣特形槽

(i) 铣齿轮　　　　(j) 铣螺旋槽　　　(k) 铣离合器　　　(l) 镗孔

图 2.2　铣床加工工艺的范围

2.1.8　铣刀的种类、用途、特点

铣刀是多刃刀具,常用的铣刀有圆柱铣刀、面铣刀、三面刃铣刀、立铣刀、键槽铣刀、锯片铣刀、凸半圆铣刀、离合器铣刀、T 形槽铣刀、镗孔刀、螺旋槽铣刀、齿轮铣刀等,在铣床上也可以加工孔,加工孔的刀具有麻花钻、扩孔刀、铰刀、镗刀等。

1. 圆柱铣刀

圆柱铣刀的形状如图 2.3 所示,主要用于加工平面,按齿数可分为粗齿和细齿两种。粗齿圆柱铣刀刀齿少,刀齿强度大,容屑空间大,适用于粗加工。细齿圆柱铣刀刀齿多,工作平稳,适用于精加工。一般圆柱铣刀都有螺旋角,螺旋角越大,参加切削的切削刃越长,切削过程越平稳,加工表面质量越高,但是同时刀具的制造成本也越高,越难刃磨。一般圆柱铣刀螺旋角的范围是 30°～45°。

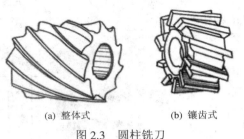

(a) 整体式　　　　　(b) 镶齿式

图 2.3　圆柱铣刀

铣刀直径应该根据铣削用量和铣刀心轴来选择,侧吃刀量越大,铣刀直径越大;铣刀心轴越大,铣刀直径越大。铣刀直径尽可能选取较小数值,这样可以降低机床功率消耗,减少切入时间,提高生产率。

2. 面铣刀

端铣所用刀具为面铣刀,如图 2.4 所示。面铣刀适用于加工平面,尤其适合加工大面积平面。面铣刀的主切削刃分布在外圆柱面或外圆锥面上，其端面上的切削刃为副切削刃。

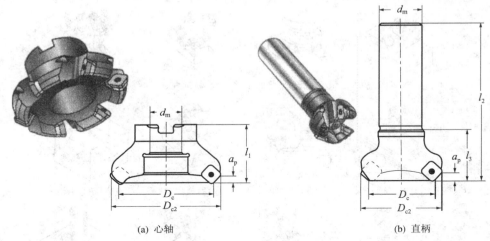

(a) 心轴　　　　　　　　　　　　　　　(b) 直柄

图 2.4　面铣刀

面铣刀从结构上可分为整体式、镶齿式和可转位式三种。目前可转位式面铣刀应用最广。刀片有硬质合金刀片、陶瓷刀片、PCD 刀片、CBN 刀片等。可转位式面铣刀从齿距上可分为疏齿距、密齿距和超密齿距三种。

(1) 疏齿距面铣刀切削力小，适用于小型机床，大悬伸刀具。

(2) 密齿距面铣刀适用于普通铣削和混合加工。

(3) 超密齿距面铣刀具有最高的生产率，适用于短屑材料和耐热材料的加工。

面铣刀可以用于粗加工，也可以用于精加工。为了获得较大的切削深度，粗加工宜选用较小的铣刀直径。为了避免接刀痕迹，获得较高的已加工表面质量，精加工时宜选用较大的铣刀直径。

3. 三面刃铣刀

三面刃铣刀的外圆周和两边侧面都有切削刃，如图 2.5 所示。三面刃铣刀可以加工台阶面、沟槽等。三面刃铣刀从刀齿布局上可分为直齿三面刃铣刀(见图 2.6)和错齿三面刃铣刀(见图 2.7)。

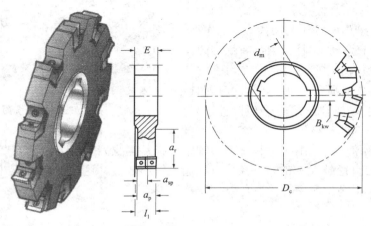

图 2.5　三面刃铣刀

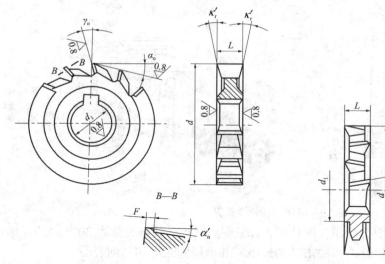

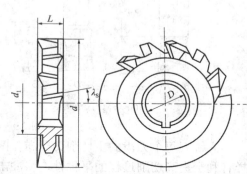

图 2.6　直齿三面刃铣刀　　　　　　图 2.7　错齿三面刃铣刀

　　直齿三面刃铣刀的圆周齿与端齿前面是一个平面，故而制作方便，刃磨简单，但是切削时属于直角切削，所以切削力大，难于保持切削过程的平稳。

　　错齿三面刃铣刀的相邻两齿的螺旋方向相反，刀齿交错分布，制作成本高，刃磨难度大，刃磨时先刃磨一方齿，然后再刃磨另一方齿，磨齿时间长。错齿三面刃铣刀切削时属于斜角切削，所以切削力小，切削过程稳定，排屑方便，可以采用较大的切削用量，故而生产效率高。

4．立铣刀

　　立铣刀从结构上分为整体结构立铣刀(见图 2.8)和镶齿可转位立铣刀(见图 2.9)，镶齿可转位立铣刀又分为方肩式(见图 2.9(a))和长刃式(见图 2.9(b))，其中长刃式立铣刀也称做玉米立铣刀。

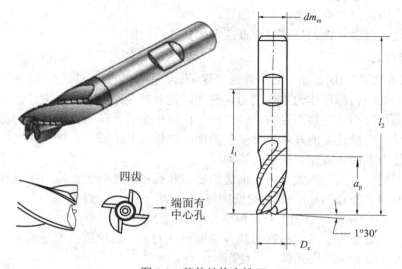

图 2.8　整体结构立铣刀

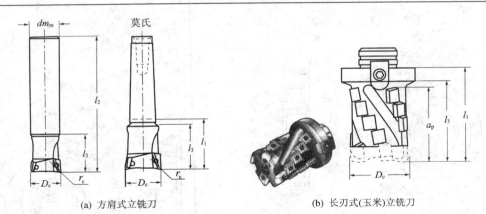

(a) 方肩式立铣刀　　　　　　　　　(b) 长刃式(玉米)立铣刀

图 2.9　镶齿可转位立铣刀

立铣刀每个刀齿的主切削刃分布在圆柱面上，呈螺旋线形，其螺旋角为 30°～45°，这样有利于提高切削过程的平稳性，将冲击减到最小，并可得到光滑的切削表面。

立铣刀每个刀齿的副切削刃分布在端面上，用来加工与侧面垂直的底平面。立铣刀的主切削刃和副切削刃可以同时进行切削，也可以分别单独进行切削。

立铣刀主要用于加工沟槽、成型面、台阶面等。立铣刀的圆柱切削刃为主切削刃，端面切削刃为副切削刃，切削时不宜沿轴向进给。但是端面切削刃通过中心的立铣刀，可以进行轴向进给。直径较小的立铣刀刀柄为直柄型和削平型直柄，直径较大的立铣刀刀柄为锥柄。

整体式高速钢立铣刀的螺旋角有 30°、45°、60° 等几种。螺旋角为 30° 或 45° 的立铣刀刀齿少，容屑空间大，适用于粗加工；螺旋角为 60° 的立铣刀刀齿多，切削过程平稳，适用于精加工。

硬质合金可转位立铣刀适宜的直径范围可达 10～50 mm，广泛用于铣削平面、沟槽、台阶等，一般采用带孔刀片，直接用螺钉压紧，装卸方便，换刀容易，容屑空间大，切削时切削力小，刀刃强度大，可采用较大的切削深度，因而生产效率高，可用在龙门铣床上加工铸钢件、铸铁件的小平面、台阶面等。

焊接式硬质合金立铣刀是将刀片直接焊接在铣刀的侧刃上。

5. 键槽铣刀

键槽铣刀(见图 2.10)是加工圆头普通平键(即 A 型键)的专用刀具。它有两个刃瓣，圆周切削刃和端面切削刃都可作为主切削刃，使用时先轴向进给，加工出键槽的深度，这时端面切削刃为主切削刃，然后再径向进给，加工出键槽全长，这时圆周切削刃为主切削刃。值得一提的是，键槽铣刀的基本尺寸就是被加工键槽的基本尺寸，键槽铣刀磨损后只刃磨端面刃，这是为了保证被加工键槽的基本尺寸。

键槽铣刀根据刀柄的形式分为直柄键槽铣刀和锥柄键槽铣刀。按照国家标准的规定，直柄键槽铣刀 $d = 2～22$ mm，锥柄键槽铣刀 $d = 14～50$ mm。键槽铣刀直径的精度等级有两种，即 e8、d8，分别对应加工两种键槽，即 H9、N9。

键槽铣刀又可分为半圆键槽铣刀和普通键槽铣刀。半圆键槽铣刀是用来加工半圆键槽的专用铣刀，一般安装在卧式铣床上使用。

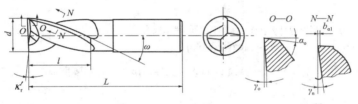

图 2.10　键槽铣刀

6．锯片铣刀

锯片铣刀用来切断材料或铣削狭槽，一般做成整体式的，其作用与切断车刀类似，如图 2.11 所示。

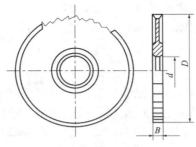

图 2.11　锯片铣刀

7．特种铣刀

图 2.12 所示为常见的几种特种铣刀。特种铣刀一般为专用刀具，即为某个工件或某项加工内容而专门制造(刃磨)的。

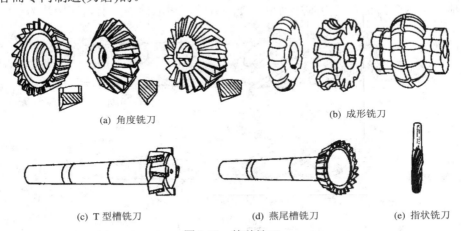

(a) 角度铣刀　　　　　　　　　　　　　　(b) 成形铣刀

(c) T 型槽铣刀　　　　　(d) 燕尾槽铣刀　　　　　(e) 指状铣刀

图 2.12　特种铣刀

① 角度铣刀(见图 2.12(a))主要用于加工带角度的沟槽和斜面。角度铣刀分为单角铣刀和双角铣刀，双角铣刀中又分为对称双角铣刀和不对称双角铣刀。角度铣刀的圆锥切削刃为主切削刃，端面切削刃为副切削刃。

② 成形铣刀(见图 2.12(b))主要用于铣削凹、凸槽等成形面。

③ T 形槽铣刀(见图 2.12(b))是用来加工 T 形槽的专用铣刀，一般在立式机床上使用，加工 T 形槽之前，需要提前加工出一条深槽，槽宽必须大于铣刀柄部直径，以便加工时容

纳刀柄。

④ 燕尾槽铣刀(见图 2.12(d))主要用于铣削燕尾槽。

⑤ 指状铣刀(见图 2.12(e))主要用于铣齿。

成形铣刀的刃形根据工件廓形设计计算得到。成形铣刀按照齿背形式可分为尖齿铣刀和铲齿铣刀。

尖齿成形铣刀的齿背是铣制而成的，在切削刃后磨出后刀面，用钝后只需刃磨后刀面即可。

铲齿成形铣刀的齿背曲线是阿基米德螺旋线，是用专门的铲齿刀铲制而成的，用钝后可重磨前刀面。当被加工零件为复杂廓形时，可保证铣刀在刃磨前后廓形基本保持不变。铲齿成形铣刀目前应用得比尖齿成形铣刀广泛，原因有二，一是因为它刃磨前后能保证被加工表面的廓形，二是因为它制造容易，刃磨简单，后刀面经过加工后，刀具耐用度高，被加工表面质量好。

8. 模具铣刀

模具铣刀用来加工模具型腔或凸模成形表面，金属切除率高，一般用于精铣。它由立铣刀演变而来，安装在数控机床上，广泛用于模具加工，应用前景非常广阔。根据刀具材料，模具铣刀可分为整体高速钢模具铣刀、整体硬质合金模具铣刀、可转位硬质合金模具铣刀、硬质合金旋转锉等，其中切削部分为球头的模具铣刀，可以沿着球头任何一个半径方向无障碍快速进给，这在刀具的发展过程中是一个里程碑。

整体高速钢模具铣刀根据其切削部分的结构可分为圆锥形整体高速钢模具铣刀、圆柱形球头整体高速钢模具铣刀、圆锥形球头整体高速钢模具铣刀等(见图 2.13)，其中圆柱形球头整体高速钢模具铣刀因为制造简单，使用方便，适应性强，所以应用最为广泛。

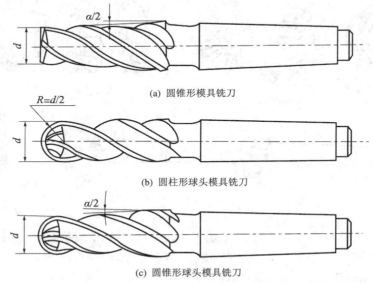

(a) 圆锥形模具铣刀

(b) 圆柱形球头模具铣刀

(c) 圆锥形球头模具铣刀

图 2.13　整体高速钢模具铣刀

整体硬质合金模具铣刀造价昂贵，适用于高速、大进给铣削加工，加工表面质量高，主要应用于精铣模具型腔。

　　可转位硬质合金模具铣刀(见图 2.14)前端装有一片或两片可转位刀片，有两个圆弧切削刃，主要用于高速粗铣和半精铣。

　　硬质合金旋转锉(见图 2.15)可取代金刚石锉刀和磨头来加工淬火后硬度小于 65HRC 的各种模具，切削效率非常高。

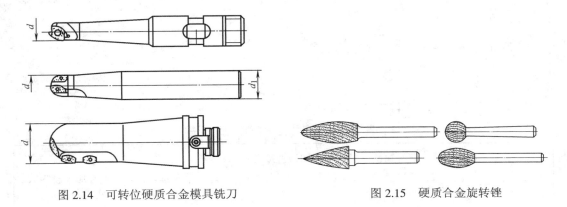

图 2.14　可转位硬质合金模具铣刀　　　　　图 2.15　硬质合金旋转锉

9. 螺旋槽铣刀

　　螺旋槽铣刀是用来专门加工螺旋槽的铣刀。铣削时，铣刀旋转作主运动，工件一边绕自身轴线旋转进给，一边沿自身轴向直线进给，这两个进给运动之间有严格的运动关系。一些大直径的麻花钻上的螺旋槽就是用螺旋槽铣刀在专用机床上加工的。

2.1.9　铣刀的材料

　　铣削过程中，铣刀的切削刃部分要经受很大的切削力和很高的温度，对铣刀的基本要求是：要有较高的硬度和耐磨性，铣刀切削部分的硬度要高于被切削工件的硬度，要确保刀具不易磨损，有合理的使用寿命；要有足够的强度和韧性，在承受冲击和震动的条件下仍能继续切削，不宜崩刃和脆裂；要有良好的红硬性，在高温下仍能保持较高的硬度；要有良好的工艺性，便于制造各种复杂的刀具。常用的铣刀材料有高速钢(如 W18Gr4V、W6Mo5Cr4V2、W9Mo3Cr4V、W6Mo5Cr4V2Al 等)和硬质合金(如 P 类、K 类、M 类等)两种。通常情况下，采用一般的铣削用量进行普通铣削时，采用高速钢铣刀，当需要较大的铣削用量时，采用硬质合金铣刀。在实际使用中，一般将硬质合金刀片焊接或机械夹固在刀体上使用，高速钢铣刀一般做成整体式铣刀。

任务 2.2　安装铣刀、调整铣床并对刀

【任务描述】

　　安装铣刀、调整铣床并对刀。

【知识目标】

(1) 掌握铣刀的种类、用途、特点。

(2) 掌握铣刀的安装和对刀方法。

【能力目标】

具备准确安装铣刀及对刀的能力。

【教学组织方法】

教学组织方法见表 2.4。

表 2.4　任务 2.2 教学组织方法

资　讯	1. 准备知识：见本节"知识链接"； 2. 教学参考书：《金属加工实训》、《金属切削原理与刀具》、《机械加工设备》、《机械制造技术》； 3. 讲解知识要点、观看实物、讲解案例、观看视频、参观工厂
计划与决策	1. 分组讨论，明确任务要求； 2. 编写任务实施计划和实施方案； 3. 讨论、分析实施计划的可行性(教师参与)，确定可行的实施计划和方案； 4. 按计划分配任务到每一个人
实施与检查	分组，按实施方案及计划步骤练习安装铣刀、调整铣床并对刀
评　估	1. 安装铣刀的准确性和正确性； 2. 调整铣床的准确性和正确性； 3. 对刀的准确性和正确性

【教学过程】

2.2.1　资讯

(1) 明确任务要求：安装锥柄端面铣刀并完成对刀。

(2) 知识准备：铣刀的安装安全操作规范、安装步骤、精度检测与注意事项。

(3) 教学参考书：《金属加工实训》、《金属切削原理与刀具》、《机械加工设备》、《机械制造技术》。

(4) 讲解知识要点、现场操作、观看视频、参观工厂。

2.2.2　计划与决策

1. 计划

(1) 学生分组讨论，明确任务要求。

(2) 每组制订铣刀安装、精度检测与对刀操作的实施方案。

2．决策

确定铣刀安装、精度检测与对刀操作的实施方案：

安装铣刀→检测安装精度→调整铣床并对刀。

2.2.3 任务实施

1．安装铣刀

(1) 将铣刀锥柄和主轴锥孔擦拭干净。

(2) 把端面铣刀直接装在主轴上。

(3) 用拉杆把铣刀紧固。

2．铣刀刀片的更换

采用可转位硬质合金端铣刀(或称硬质合金不重磨端铣刀)，利用机械夹紧的方法，将硬质合金刀片安装在刀体上。使用时不需要刃磨刀具，刀片上的某个刀刃用钝后，只需要松开双头螺钉和夹紧块，将刀片转过一个位置和角度，或换上一个新刀片后重新夹紧，即可进行铣削。

3．检测安装精度

在加工精度要求不太高的情况下，目测检查端面铣刀的端面跳动，对于没有相应经验的操作者最好能使用百分表检测。

4．调整铣床并对刀

(1) 将铣床主轴转速调至较低(200～300 r/min)。

(2) 操纵工作台升降手柄，使工件缓慢靠近刀具。

(3) 当有少量切屑冒出时，即完成平面铣削对刀。

2.2.4 检查与考评

1．检查

(1) 学生自行检查工作任务完成情况。

(2) 小组间互查，进行方案的技术性、经济性和可行性分析。

(3) 教师专查，进行点评，组织方案讨论。

(4) 针对问题进行修改，确定最优方案。

(5) 整理相关资料，归档。

2．考评

考核评价按表 2.5 中的项目和评分标准进行。

表 2.5　任务 2.2 考核评价表

序号	考核评价项目		考核内容	学生自检	小组互检	教师终检	配分	成绩
1	过程考核	专业能力	相关知识点的学习				50	
			能安装铣刀					
			能调整铣床并对刀					
2		方法能力	信息搜集、自主学习、分析解决问题、归纳总结及创新能力				10	
3		社会能力	团队协作、沟通协调、语言表达能力及安全文明、质量保障意识				10	
4	常规考核		自学笔记				10	
5			课堂纪律				10	
6			回答问题				10	

【知识链接】

2.2.5　常用铣床的型号及其参数

常用铣床的型号与参数见表 2.6。

表 2.6　常用铣床的型号与参数

铣床型号 \ 铣床参数	主轴锥度	主轴转速范围 /(r/min)	工作台行程 /mm	主电动机功率 /kW	进给电动机功率 /kW
X5032	7:24	18 级：30～1500	320×1250	7.5	1.5
X63	7:24	18 级：30～1500	330×880	11	3
X2010	7:24	18 级：30～1500	100×2000	7.5	3
X3010	7:24	10 级：100～2000	ϕ200～1000	11	2.2

2.2.6　铣床的调整

要调整铣床，首先要了解铣床的结构，熟悉铣床操作，下面主要介绍立式铣床的调整。

立式(Vertical)升降台铣床的主轴是竖直的，简称立铣。图 2.16 所示为 XK5040-1 型数控立式升降台铣床的外形图。立式床身 2 装在底座 1 上，床身上装有变速箱 3，滑动立铣头 4 可以升降。升降台 7 可沿床身的竖导轨作 Z 向的升降运动。升降台上有滑座和工作台 6，可作 X 向的纵向运动和 Y 向的横向运动。5 是悬挂式控制台，装有操作按钮和开关。立铣床上可以加工平面、斜面、沟槽、台阶、齿轮、凸轮以及封闭轮廓表面等。

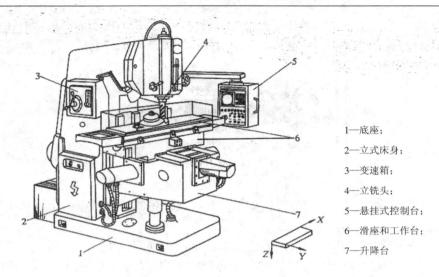

1—底座；

2—立式床身；

3—变速箱；

4—立铣头；

5—悬挂式控制台；

6—滑座和工作台；

7—升降台

图 2.16　XK5040-1 型数控立式升降台铣床外形图

2.2.7　安装、拆卸铣刀

铣刀的安装与拆卸是铣削加工任务中的基本技能，铣床主轴前端是 7∶24 的锥孔，刀具通过该锥孔定位在主轴上。锥孔内备有拉杆，通过拉杆可将刀具拉紧，下面将从卧式铣床用铣刀和立式铣床用铣刀两方面介绍几种铣刀的安装与拆卸。

1．卧式铣床用铣刀的安装与拆卸

1) 卧式铣床用铣刀的安装

卧式铣床用铣刀在铣床上安装的操作步骤如下：

(1) 先将床头的主轴安装孔用棉纱擦拭干净，按照刀具孔的直径选择标准刀杆。铣刀杆常用的标准尺寸有 ϕ32 mm、ϕ27 mm、ϕ22 mm。把刀杆推入主轴孔内，右手将铣刀杆的锥柄装入主轴孔，此时铣刀杆上的对称凹槽应对准床体上的凸键，左手转动主轴孔的拉紧螺杆(简称拉杆)，使其前端的螺纹部分旋入铣刀杆的螺纹孔。用扳手旋紧拉杆(提示：用扳手紧固拉杆时必须把主轴转速放在空挡位并夹紧主轴)，如图 2.17 所示。

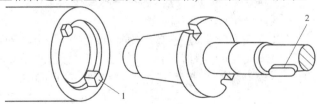

1—主轴　2—刀杆
图 2.17　卧式铣床用铣刀刀杆的安装

(2) 将刀杆口、刀孔、刀垫等擦拭干净，根据工件的位置选择合适尺寸的刀垫，推入刀杆，放好刀垫、刀具，旋紧刀杆螺母，如图 2.18 所示。需要特别注意的是，铣刀的切削刃应和主轴的旋转方向一致，在安装圆盘铣刀时，如锯片铣刀等，由于铣削力比较小，所以一般在铣刀与刀轴之间不安装键，此时应使螺母旋紧的方向与铣刀旋转方向相同，否则当铣刀在切削时，将由于铣削力的作用而使螺母松开，导致铣刀松动。另外，若在靠近螺母的一个垫圈内安装一个键，则可避免螺母松动和拆卸刀具时螺母不易拧开的现象。

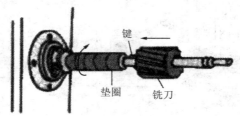

图 2.18　卧式铣床用铣刀的安装

(3) 将铣床横梁调整到对应的位置。双手握住挂架，将其挂在铣床横梁导轨上，如图 2.19 所示。

(4) 旋紧刀轴的螺母，将铣刀固定。需注意的是，必须把挂架装上以后，才能旋紧此螺母，以防把刀轴扳弯。用扳手旋紧挂架左侧螺母，再把刀杆螺母用扳手旋紧。把注油孔调整到过油的位置。在旋紧螺母时要把主轴开关放在空位挡，并把主轴夹紧开关置于夹紧位置，夹紧主轴(注意：手部不要碰到铣床横梁，避免手部碰伤)，向内扳动扳手，如图 2.20 所示。

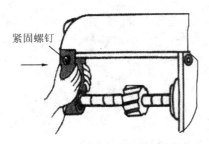

图 2.19　安放挂架

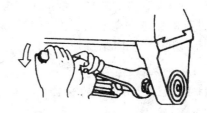

图 2.20　用扳手旋紧螺母

2) 卧式铣床用铣刀的拆卸

卧式铣床用铣刀的拆卸步骤可基本按照安装过程反向操作进行。

(1) 松开铣刀。首先松开夹紧螺母，在旋松螺母时要把主轴开关放在空位挡，并把主轴夹紧开关放在夹紧位置(注意：手部不要碰到铣床横梁，避免手部碰伤)，逆时针旋松螺母。

(2) 松开挂架。逆时针旋松挂架螺母，移出挂架。

(3) 拆卸铣刀。将夹紧铣刀螺母旋下，移出铣刀刀垫，卸下铣刀。

(4) 将移出的铣刀刀垫安装回刀杆，旋上螺母。

(5) 拆卸铣刀刀杆。松开拉杆螺母，轻击拉杆使铣刀刀杆松动，旋下拉杆，移出铣刀刀杆。

(6) 将横梁移回原位。

2. 立式铣床用锥柄铣刀的安装与拆卸

锥柄铣刀安装在立式铣床上。

1) 锥柄铣刀的安装

锥柄铣刀分为 7∶24 锥度的锥柄面铣刀和莫氏锥度的锥柄立铣刀两种，如图 2.21 所示。

(1) 具有 7：24 锥度的锥柄面铣刀(见图 2.21(a)),由于铣床主轴锥孔的锥度与铣刀柄部的锥度相同,所以只要把铣刀锥柄和主轴锥孔擦拭干净后,把铣刀直接装在主轴上,用拉杆把铣刀紧固即可。

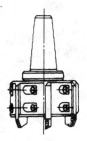 

(a) 7：24 锥度的锥柄面铣刀　　　(b) 莫氏锥度的锥柄立铣刀

图 2.21　锥柄铣刀

(2) 对于莫氏锥度的锥柄立铣刀(见图 2.21(b)),铣床主轴的锥孔与铣刀的锥度不同,需要采用中间套(或采用弹簧夹头)过渡,中间套的内孔是莫氏锥度,其外圆锥柄锥度为 7：24,即中间套的锥孔与铣刀锥柄同号,而其外圆与机床主轴锥孔相同。所以通过中间套的过渡,就可以把铣刀安装在铣床主轴上,如图 2.22 所示。

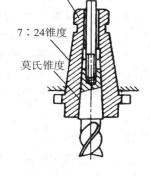

图 2.22　锥柄铣刀通过过渡锥套装夹在主轴上

2) 锥柄铣刀的拆卸

将锥柄铣刀的安装步骤进行反向操作,即可把锥柄铣刀拆卸下来。

(1) 旋松拉杆螺母,用手锤由上往下轻击拉杆,使铣刀或夹套松动。

(2) 用棉纱垫在夹套端面或铣刀上,以防铣刀刀刃划伤手。取下拉杆,拿下铣刀或夹套。

(3) 卸下铣刀。用两块平行垫块垫住夹套端面,用手锤由上往下轻击,使铣刀松动,取下铣刀,或把拉杆旋上,然后旋松拉杆螺母使其脱离铣刀,取下铣刀。

3. 立式铣床用直柄铣刀的安装与拆卸

直柄铣刀(见图 2.23(a))安装在立式铣床上。

1) 直柄铣刀的安装

在立式铣床上采用弹簧夹头装夹直柄铣刀,如图 2.23(b)所示。弹簧夹头的种类很多,结构大同小异,一般根据机床的型号选用。铣刀直柄放在弹簧夹头孔中,旋紧弹簧夹头螺母即可夹紧刀具。操作步骤如下:

(1) 根据直柄铣刀柄部的外圆尺寸选择一个弹簧夹头,其弹簧套的内孔尺寸与直柄铣刀柄部直径尺寸相同。

(2) 用棉纱擦拭干净直柄铣刀柄部和弹簧套接触

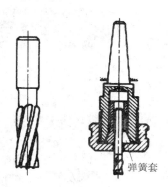

(a) 直柄(立)铣刀　(b) 弹簧夹头装夹直柄铣刀

图 2.23　直柄立铣刀及其装夹

面。将直柄铣刀刀柄放在弹簧夹头孔中，把弹簧夹头的夹紧螺母旋紧。

（3）开动铣床，检查铣刀的径向跳动是否符合要求。若跳动太大，则应拆下重新安装，并检查出造成跳动过大的原因。

2）直柄铣刀的拆卸

（1）用夹头板手松开夹紧螺母，用棉纱包住铣刀，用手将铣刀拔出即可。

（2）如果要换夹不同柄部尺寸的直柄铣刀，则需把夹头的弹簧套取出，更换弹簧套的尺寸规格，卸下直柄铣刀后不用取出弹簧套。

2.2.8　铣削对刀

铣削加工前，要对刀，下面以 X5032 铣削平面为例，讲述一下铣削对刀过程。

根据生产批的不同，对刀方法分为：试切法和调整法。

1．试切法

试切前，使铣刀按照选定的转速旋转，将工件手动调整至铣刀下方，然后手动调整铣刀缓慢下降，直到轻轻擦切工件上表面为止，此时记住铣刀的 Z 轴坐标，再将铣刀快速升起，调整工件位置，使其偏离铣刀正下方，降下铣刀，使铣刀在刚才 Z 轴坐标的基础之上再向下移动一个选定的切削余量，此时再调整工件方位，向着铣刀进给，完成整个平面的铣削任务。

试切法适用于单件小批量生产，每件生产之前都要对刀，对操作人员要求较高，对刀辅助时间长。

2．调整法

调整法是在专用夹具上，借助对刀块和对刀垫，进行对刀的一种方法。调整法与试切法有以下两点不同：

（1）调整法对刀时，铣刀是静止的。

（2）调整法对刀时，铣刀接触的是对刀块上的对刀垫。

一个批次的零件加工，只需要在加工头件时进行对刀，省去了加工后面零件的对刀时间。

任务 2.3　铣削变速器箱体上结合面

【任务描述】

铣削变速器箱体上结合面。

【知识目标】

（1）了解铣床及铣削运动的相关知识。

（2）熟悉铣床安全操作规程。

（3）掌握选用铣削用量的原则。

(4) 了解铣削箱体零件结合面的具体操作步骤。

【能力目标】

(1) 能正确选择铣床并安装工件。

(2) 能选择铣刀、装刀并准确对刀。

(3) 选用铣削用量。

(4) 能铣削箱体结合面并检验。

【教学组织方法】

教学组织方法见表 2.7。

表 2.7　任务 2.3 教学组织方法

资　讯	1. 准备知识：见本节"知识链接"(铣削与铣刀)； 2. 教学参考书：《金属加工实训》、《机械制造技术综合实训教程》、《公差配合与技术测量》、《机械加工设备》、《金属切削原理与刀具》、《机械加工工艺学》； 3. 讲解知识要点、观看实物、讲解案例、观看视频、参观工厂
计划与决策	1. 分组讨论，明确任务要求； 2. 编写任务实施计划和实施方案； 3. 讨论、分析实施计划的可行性(教师参与)，确定可行的实施计划和方案； 4. 按计划分配任务到每一个人
实施与检查	分组，按实施方案及计划步骤练习并熟练掌握铣削变速器箱体上结合面的步骤和方法
评　估	1. 铣削变速器箱体上结合面的熟练程度； 2. 铣削后变速器箱体上结合面的精度

【教学过程】

2.3.1　资讯

(1) 明确任务要求：材料为 HT200(灰口铸铁)，中批量生产，要求加工结合面 A 面。

(2) 知识准备：铣床安全操作规程；铣床及铣削运动；工件装夹方式；平面铣削具体操作步骤。

(3) 教学参考书：《金属加工实训》、《机械制造技术综合实训教程》、《公差配合与技术测量》、《机械加工设备》、《金属切削原理与刀具》、《机械加工工艺学》。

(4) 讲解知识要点、现场操作、观看视频、参观工厂。

2.3.2　计划与决策

1. 计划

(1) 学生分组讨论，明确任务要求。

(2) 每组制订铣削箱体结合面 A 面的多种实施方案。

2．决策

确定一种铣削箱体结合面 A 面的实施方案：

铣削箱体结合面 A 面的工艺准备→箱体结合面 A 面的铣削加工。

2.3.3　任务实施

1．工艺准备

(1) 加工方法的选择。根据零件图纸上的要求确定加工方法。

(2) 加工设备的确定。根据铣床的特点和加工范围选择对应的铣床。

(3) 刀具的确定。根据铣刀的种类和用途以及被加工面的特征选择相应的刀具(见任务 2.1)。

(4) 铣削用量的确定。根据加工方法、所选用的铣刀以及铣床选择相应的铣削用量(见表 2.8)。

(5) 切削液的使用。根据加工方法、被加工材料选择相应的切削液。

表 2.8　A 面加工铣削用量选择

工　序	加工方法	a_p/mm	f / (mm/r)	v_c / (m/min)
粗铣 A 面	端铣	3	0.2	20
半精铣 A 面	端铣	1	0.07	25

2．操作步骤

(1) 选择夹具，安装箱体零件。

(2) 开车前，调整铣刀与工件的相对位置，使铣刀离开工件一定距离。

(3) 开车，用调整法对刀(见任务 2.2)。

(4) 开车，按照选定的铣削用量，铣削平面(见任务 2.3)。

(5) 检测平面加工的尺寸精度与表面质量。

2.3.4　检查与考评

1．检查

(1) 学生自行检查工作任务的完成情况。

(2) 小组间互查。

(3) 教师专查，进行点评，组织方案讨论。

(4) 填写项目报告。

2．考评

考核评价按表 2.9 中的项目和评分标准进行。

表 2.9 任务 2.3 考核评价表

序号	考核评价项目		考核内容	学生自检	小组互检	教师终检	配分	成绩
1	过程考核	专业能力	相关知识点的学习				50	
			能熟练操作铣床					
			能按照图纸要求铣削变速器箱体上结合面					
2		方法能力	信息搜集、自主学习、分析解决问题、归纳总结及创新能力				10	
3		社会能力	团队协作、沟通协调、语言表达能力及安全文明、质量保障意识				10	
4	常规考核		自学笔记				10	
5			课堂纪律				10	
6			回答问题				10	

【知识链接】

2.3.5 铣削用量及其选择方法

1. 铣削用量

切削速度、进给量和吃刀量是切削用量的三要素,总称为切削用量。铣削加工中的切削用量称为铣削用量,铣削用量包括铣削速度、进给速度和吃刀量。

(1) 铣削速度 v_c,即铣刀旋转(主运动)的线速度,单位为 m/min。其计算公式为

$$v_c = \frac{\pi d_0 n}{1000} \tag{2.1}$$

式中:d_0——铣刀的直径(单位为 mm);

n——铣刀的转速(单位为 r/min)。

(2) 进给速度 v_f,即单位时间内铣刀在进给运动方向上相对工件的位移量,单位为 mm/min。进给速度也称为每分钟进给量。铣刀是多刃刀具,所以铣削进给量还分为每转进给量 f 和每齿进给量 f_z,其中 f 表示铣刀每转一转,铣刀相对工件在进给运动方向上移动的距离(单位为 mm/r);f_z 表示铣刀每转一个刀齿,铣刀相对工件在进给运动方向上移动的距离(单位为 mm/z)。

每分钟进给量 v_f 与每转进给量 f、每齿进给量 f_z 之间的关系为

$$v_f = fn = f_z zn \tag{2.2}$$

式中:n——铣刀主轴转速(单位为 r/min);

z——铣刀齿数。

(3) 吃刀量,一般指工件上已加工表面和待加工表面间的垂直距离。吃刀量是刀具切入工件的深度,铣削中的吃刀量分为背吃刀量 a_p 和侧吃刀量 a_e。

铣削背吃刀量 a_p 是通过切削刃基点并垂直于工作平面的方向上测量的吃刀量。它是平行于铣刀轴线方向测量的切削层尺寸，单位为 mm。例如，周铣中铣刀端面(轴线方向)的吃刀量，如图 2.24(a)所示；端铣中铣刀端面(轴线方向)的吃刀量，如图 2.24(b)所示。

铣削侧吃刀量 a_e 是通过切削刃基点，平行于工作平面并垂直于进给运动方向上测量的吃刀量。它是垂直于铣刀轴线测量方向的切削层尺寸，单位为 mm。例如，周铣中铣刀径向(垂直于轴线方向)的吃刀量，如图 2.24(a)所示；端铣中铣刀径向(垂直于轴线方向)的吃刀量，如图 2.24(b)所示。

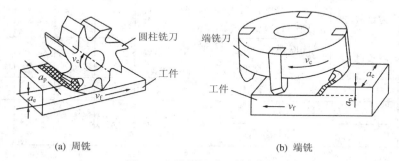

(a) 周铣　　　　　　　　　　　　　　　　(b) 端铣

图 2.24　铣削运动及铣削用量

2．铣削用量的选择方法

1) 选择铣削用量时的注意事项

选择铣削用量时应该注意以下几点：

(1) 保证刀具有合理的使用寿命，有较高的生产率和较低的成本。

(2) 保证加工质量，主要是保证加工表面的精度和表面粗糙度达到图样要求。

(3) 不超过铣床允许的动力和转矩，不超过工艺系统(刀具、工件、机床)的刚度和强度，同时又充分发挥它们的潜力。

上述三条，根据具体情况应有所侧重。一般在粗加工时，应尽可能发挥刀具、机床的潜力和保证合理的刀具寿命；精加工时，则首先要保证加工精度和表面粗糙度，同时兼顾合理的刀具寿命。

2) 选择铣削用量的顺序

在铣削过程中，如果能在一定的时间内切除较多的金属，就有较高的生产率。显然，增大吃刀量、铣削速度和进给量，都能增加金属切除量。但是，影响刀具寿命最显著的因素是铣削速度，其次是进给量，而吃刀量对刀具的影响最小。所以，为了保证必要的刀具寿命，应当优先采用较大的吃刀量，其次是选择较大的进给量，最后才是根据刀具寿命的要求，选择适宜的铣削速度。

3) 选择铣削用量

(1) 选择吃刀量 a。

在铣削加工中，一般是根据工件切削层的尺寸来选择铣刀的。例如，用面铣刀铣削平面时，铣刀直径一般应选择得大于切削层宽度。若用圆柱铣刀铣削平面时，铣刀长度一般应大于工件切削层宽度。当加工余量不大时，应尽量一次进给铣去全部加工余量。只有当工件的加工精度要求较高时，才分粗铣、精铣进行。具体数值的选取可参考表 2.10。

表 2.10 铣削背吃刀量的选取 mm

工件材料	高速钢铣刀		硬质合金铣刀	
	粗铣	精铣	粗铣	精铣
铸铁	5~7	0.5~1	10~18	1~2
软钢	<5	0.5~1	<12	1~2
中硬钢	<4	0.5~1	<7	1~2
硬钢	<3	0.5~1	<4	1~2

(2) 选择每齿进给量 f_z。

粗加工时,限制进给量提高的主要因素是切削力,进给量主要根据铣床进给机构的强度、刀杆刚度、刀齿强度以及机床、夹具、工件系统的刚度来确定。在强度、刚度许可的条件下,进给量应尽量选取得大些。

精加工时,限制进给量提高的主要因素是表面粗糙度。为了减少工艺系统的震动,减小已加工表面的残留面积高度,一般选取较小的进给量。数值的选取可参考表 2.11。

表 2.11 每齿进给量 f 值的选取 mm/z

刀具名称	高速钢刀具		硬质合金刀具	
	铸铁	钢件	铸铁	钢件
圆柱铣刀	0.12~0.2	0.1~0.15	0.2~0.5	0.08~0.20
立铣刀	0.08~0.15	0.03~0.06	0.2~0.5	0.08~0.20
套式面铣刀	0.15~0.2	0.06~0.10	0.2~0.5	0.08~0.20
三面刃铣刀	0.15~0.25	0.06~0.08	0.2~0.5	0.08~0.20

(3) 铣削速度 v_c 的选择。

在吃刀量 a 和每齿进给量 f_z 确定后,可在保证合理的刀具寿命的前提下确定铣削速度 v_c。

粗铣时,确定铣削速度时必须考虑到铣床许用功率。如果超过铣床许用功率,则应适当降低铣削速度。精铣时,一方面应考虑合理的铣削速度,以抑制积屑瘤产生,提高表面质量;另一方面,由于刀尖磨损往往会影响加工精度,因此应选用耐磨性较好的刀具材料,并应尽可能使之在最佳铣削速度范围内工作。

铣削速度 v_c 可在表 2.12 推荐的范围内选取,并根据实际情况进行试切后加以调整。

表 2.12 铣削速度 v_c 值的选取

工件材料	铣削速度 v_c / (m/min)		说 明
	高速钢铣刀	硬质合金铣刀	
20	20~45	150~190	1. 粗铣时取小值,精铣时取大值;
45	20~35	120~150	
40Cr	15~25	60~90	2. 工件材料强度和硬度较高时取小值,反之取大值;
HT150	14~22	70~100	
黄铜	30~60	120~200	3. 刀具材料耐热性好时取大值,反之取小值
铝合金	112~300	400~600	
不锈钢	16~25	50~100	

2.3.6　铣削层参数

　　铣削时，铣刀同时有几个刀齿参加切削，每个刀齿所切下的切削层是铣刀相邻两个刀齿在工件切削表面之间形成的一层金属。切削层剖面的形状与尺寸对铣削过程中的一些基本规律(切削力、断屑、刀具磨损等)有着直接影响。

1. 切削层厚度

　　切削层厚度是切削层公称厚度的简称，是指铣刀上相邻两个刀齿所形成的切削表面间的垂直距离，用符号 h_D 表示。无论是周铣还是端铣，铣削时的切削层厚度都是变化的，如图 2.25 所示。

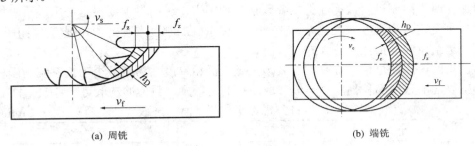

(a) 周铣　　　　　　　　　　　　　　　　　(b) 端铣

图 2.25　铣削时切削层厚度的变化

　　(1) 在周铣中，如图 2.26 所示，当 $\theta = 0°$ 时，$h_D = 0$；当 $\theta = \psi_i$ 时，h_D 最大。因此周铣时切削层厚度的计算公式为

$$h_D = f_z \sin \theta \tag{2.3}$$

$$h_{Dmax} = f_z \sin \psi_i \tag{2.4}$$

式中：θ——铣刀刀齿瞬时转角；

　　　　ψ_i——铣刀接触角度。

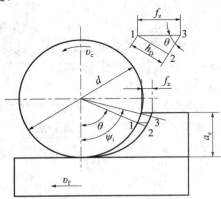

图 2.26　周铣时切削层厚度的计算

　　(2) 在端铣中，如图 2.27 所示，当 $\theta = 0°$ 时，h_D 最大；当 $\theta = \psi_i$ 时，h_D 最小。因此，端铣时切削层厚度的计算公式为

$$h_D = f_z \cos \theta \sin \kappa_r \tag{2.5}$$

$$h_{Dmin} = f_z \cos \psi_i \sin \kappa_r \tag{2.6}$$

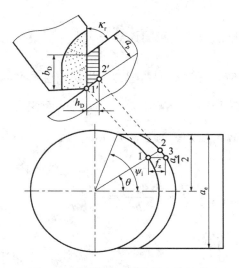

图 2.27　端铣时切削层厚度的计算

2. 切削层宽度

切削层宽度是切削层公称宽度的简称，其定义与车削相同，在基面中测量，用符号 b_D 表示。直齿圆柱形铣刀的切削层宽度等于背吃刀量(铣削深度)，即 $b_D = a_p$。端铣刀的单个刀齿类似于车刀，因此，其切削层宽度为

$$h_D = \frac{a_p}{\sin \kappa_r} \tag{2.7}$$

螺旋齿圆柱形铣刀的一个刀齿，不仅其切削层厚度随刀齿的不同位置而变化，而且其切削宽度也随刀齿的不同位置而变化。如图 2.28 所示，螺旋齿圆柱形铣刀同时切削的齿数有三个。h_{D1}、h_{D2}、h_{D3} 为三个刀齿同时切得的最大切削层厚度；b_{D1}、b_{D2}、b_{D3} 表示三个刀齿不同的切削层宽度。从图中可知，对一个刀齿而言，在刀齿切入工件后，切削层宽度由零逐渐增大到最大值，然后又逐渐减小至零，即无论刀齿切入还是切出工件，都有一个平缓的量变过程，所以螺旋齿圆柱形铣刀比直齿圆柱形铣刀的铣削过程平稳。

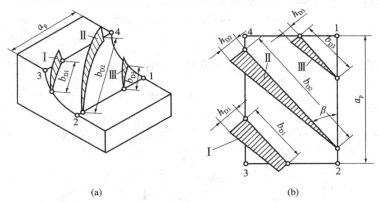

(a)　　　　　　　　　　　　　　(b)

图 2.28　螺旋齿圆柱铣刀的切削层宽度

3. 切削层横截面积

铣刀每个切削齿的切削层横截面积的计算公式为

$$A_D = h_D b_D$$

铣刀的总切削层横截面积应为同时参加切削的刀齿切削层横截面积之和。但是，由于铣削时铣刀的切削层厚度、切削层宽度及工作齿数均随时间而变化，因而总切削面积 $\sum A_D$ 也随时间而变化，使得计算较为复杂。为了计算简便，常采用平均切削层横截面积 A_{Dav} 这一参数，其计算公式为

$$A_{Dav} = \frac{Q}{v_c} = \frac{a_p a_e v_f}{\pi d n} = \frac{a_p a_e f_z z_e}{\pi d} \tag{2.8}$$

式中：Q——材料切除率(单位为 mm^3/min)；

　　　z_e——铣刀的工作齿数。

2.3.7 铣削力

铣削时，铣刀的每个刀齿都产生铣削力，每个刀齿所产生铣削力的合力即为铣刀的铣削力。每个刀齿和铣刀的铣削力一般为空间力，为了研究方便，可根据实际需要进行分解。如图 2.29 所示，可将圆柱形铣刀单个刀齿产生的铣削力分解为几个方向的分力。

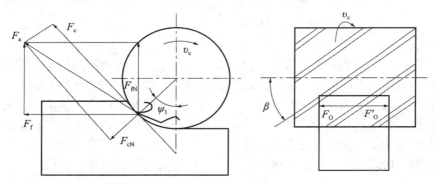

图 2.29　圆柱形铣刀的铣削分力

1. 主铣削力

铣削力 F_c 是铣削时总铣削力在主运动方向上的分力，即为作用于铣刀切线方向上消耗机床主要功率的力。

2. 垂直铣削力

垂直铣削力 F_{cN} 是铣削时总铣削力在垂直于主运动方向上的分力，即为作用于铣刀半径方向上，能引起刀杆弯曲变形的力。

3. 轴向力

轴向力 F_o 作用于主轴方向上，且与刀齿所受轴向抗力 F_o' 大小相等、方向相反。

铣削力 F_c 与垂直切削力 F_{cN} 的合力 F_a 又可分解为下列两个分力：

(1) 进给力。进给力 F_f 是铣削时总铣削力在进给运动方向上的分力，即为作用于铣床工作台纵向进给方向上的力。

(2) 垂直进给力。垂直进给力 F_{fN} 是铣削时总铣削力在垂直于进给运动方向上的分力，即为作用于铣床升降台运动方向上的力。

以上铣削力可写成：

$$\sqrt{F_c^2 + F_{cN}^2} = \sqrt{F_f^2 + F_{fN}^2} \tag{2.9}$$

由于铣刀刀齿位置是随时变化的，因此，当铣刀接触角 ψ_i 不同时，各铣削分力的大小是不同的，即

$$F_f = F_c \cos\psi_i \pm F_{cN} \sin\psi_i \quad （逆铣为 "+"，顺铣为 "−"） \tag{2.10}$$

$$F_{fN} = F_c \sin\psi_i \pm F_{cN} \cos\psi_i \quad （逆铣为 "+"，顺铣为 "−"） \tag{2.11}$$

同理，端铣时，也可将铣削力按上述方法分解。

各铣削分力与铣削力的比值见表 2.13。

表 2.13　各铣削分力与铣削力的比值

铣削条件	比值	对称端铣	不对称端铣	
			逆铣	顺铣
端铣： $a_e = 0.4d \sim 0.8d$， $f_z = 0.1 \sim 0.2$ mm	F_f / F_c	0.30～0.40	0.60～0.90	0.15～0.30
	F_{fN} / F_c	0.85～0.95	0.45～0.70	0.90～1.00
	F_o / F_c	0.50～0.55	0.50～0.55	0.50～0.55
立铣、圆柱铣、盘铣和成形铣： $a_e = 0.05d$， $f_z = 0.1 \sim 0.2$ mm	F_f / F_c	—	1.00～1.20	0.80～0.90
	F_{fN} / F_c	—	0.20～0.30	0.75～0.80
	F_o / F_c	—	0.35～0.40	0.35～0.40

4. 铣削力经验公式

铣削力通常是根据经验公式来计算的。铣削力的经验公式见表 2.14 和表 2.15，使用条件改变时的修正系数见表 2.16 和表 2.17。

表 2.14　硬质合金铣刀铣削力的经验公式

铣刀类型	工件材料	铣削力的经验公式/N
端铣刀	碳素钢	$F_c = 7753 a_p f_x^{0.75} a_e^{1.1} z d^{-1.3} n^{-0.2} K_{F_c}$
	灰铸铁	$F_c = 513 a_p^{0.9} f_z^{0.74} a_e z d^{-1.0} K_{F_c}$
	可锻铸铁	$F_c = 4615 a_p f_z^{0.7} a_e^{1.1} z d^{-1.3} n^{-0.2} K_{F_c}$
	1Cr18Ni9Ti	$F_c = 2138 a_p^{0.92} f_z^{0.78} a_e z d^{-1.15} K_{F_c}$
圆柱形铣刀	碳素钢	$F_c = 948 a_p f_x^{0.75} a_c^{0.88} z d^{-0.87}$
	灰铸铁	$F_c = 545 a_p f_z^{0.8} a_c^{0.9} z d^{-0.9}$
立铣刀	碳素钢	$F_c = 118 a_p f_z^{0.75} a_c^{0.85} z d^{-0.73} n^{-0.1}$
盘形铣刀、键槽铣刀、锯片铣刀		$F_c = 2452 a_p^{1.1} f_z^{0.6} a_c^{0.9} z d^{-1.1} n^{-0.1}$

注：转速 n 的单位为 r/min。

表 2.15　高速钢铣刀铣削力的经验公式

铣刀类型	工件材料	铣削力的经验公式/N
立铣刀、圆柱形铣刀	碳素钢、青铜、铝合金、可锻铸铁	$F_c = C_{F_c} a_p f_z^{0.72} a_c^{0.85} d^{-0.86} z K_{F_c}$
端铣刀		$F_c = C_{F_c} a_p f_z^{0.72} a_c^{0.86} d^{-0.86} z K_{F_c}$
盘形铣刀、锯片铣刀		$F_c = C_{F_c} a_p f_z^{0.72} a_c^{0.86} d^{-0.86} z K_{F_c}$
角度铣刀		$F_c = C_{F_c} a_p f_z^{0.72} a_c^{0.86} d^{-0.86} z K_{F_c}$
半圆铣刀		$F_c = C_{F_c} a_p f_z^{0.72} a_c^{0.86} d^{-0.86} z K_{F_c}$
立铣刀、圆柱形铣刀	灰铸铁	$F_c = C_{F_c} a_p f_z^{0.6} a_c^{0.83} d^{-0.83} z K_{F_c}$
端铣刀		$F_c = C_{F_c} a_p^{0.9} f_z^{0.72} a_c^{1.14} d^{-0.14} z K_{F_c}$
盘形铣刀、锯片铣刀		$F_c = C_{F_c} a_p f_z^{0.65} a_c^{0.83} d^{-0.83} z K_{F_c}$

铣刀类型	工件材料				
	碳素钢	可锻铸铁	灰铸铁	青铜	镁合金
	铣削力系数 C_{F_c}				
立铣刀、圆柱形铣刀	641	282	282	212	160
端铣刀	812	470	470	353	170
盘形铣刀、锯片铣刀	642	282	282	212	160
角度铣刀	366	—	—	—	—
半圆铣刀	443	—	—	—	—

注：① 铝合金 C_{F_c} 可取为钢的 1/4。

　② 铣刀磨损超过磨钝标准时，F_c 将增大，加工软钢时可增大 75%～90%；加工中硬钢、硬钢和铸铁时，可增大 30%～40%。

表 2.16　硬质合金铣刀铣削力的修正系数

工件材料系数		前角系数(切钢)				主偏角系数(钢及铸铁)			
钢	铸铁	−10°	0°	10°	15°	30°	60°	75°	90°
$\left(\dfrac{\sigma_b}{0.638}\right)^{0.3}$	$\dfrac{HBS}{190}$	1.0	0.89	0.79	1.23	1.15	1.0	1.06	1.14

注：σ_b 的单位为 GPa。

表 2.17　高速钢铣刀铣削力的修正系数

工件材料系数		前角系数				主偏角系数(端铣)			
钢	铸铁	5°	10°	15°	20°	30°	45°	60°	90°
$\left(\dfrac{\sigma_b}{0.638}\right)^{0.3}$	$\left(\dfrac{HBS}{190}\right)^{0.55}$	1.0	0.89	0.79	1.23	1.15	1.0	1.06	1.14

注：σ_b 的单位为 GPa。

5. 铣削功率

铣削功率 P_c 为铣削时所消耗的功率。铣削功率 P_c 的单位是 kW，其计算公式为

$$P_c = \frac{F_c v_c}{1000} \tag{2.12}$$

2.3.8 铣削方式

根据铣削时所用切削刃位置的不同，铣削方式分为周铣法和端铣法；根据铣刀旋转方向与工件进给方向的关系，铣削方式分为顺铣法和逆铣法。

1. 周铣法

用铣刀圆周上的切削刃进行铣削的方法称为周铣法，简称为周铣。如用立铣刀、圆柱铣刀铣削各种不同的表面。根据铣刀旋转方向与工件进给方向的关系，可将周铣法分为顺铣和逆铣两种方式，如图 2.30 所示。

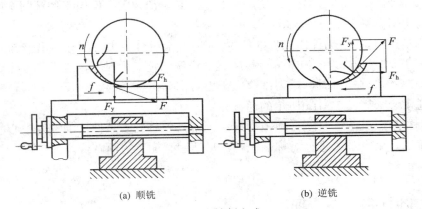

(a) 顺铣   (b) 逆铣

图 2.30　铣削方式

(1) 顺铣。在切削部位铣刀的旋转方向与工作进给方向相同的铣削方式为顺铣。

(2) 逆铣。在切削部位铣刀的旋转方向与工件进给方向相反的铣削方式为逆铣。

(3) 顺铣与逆铣的特点。

① 由于工作台进给丝杠与螺母间存在间隙，顺铣时水平铣削力 F_h 与进给方向一致，会使工作台在进给方向上产生间歇性的窜动，使切削不平稳，以致引起打刀、工件报废等危害；而逆铣时水平铣削力 F_h 的方向正好与进给方向相反，可避免因丝杠与螺母间的间隙而引起的工作台窜动。

② 顺铣时，作用在工件上的垂直铣削分力 F_y 始终向下，有压紧工件的作用，故铣削平稳，对不易夹紧的工件及狭长与薄板形工件较适合。逆铣时，垂直分力 F_y 方向向上，有把工件从台上挑起的趋势，影响工件的夹紧。

③ 顺铣时，刀刃始终从工件的外表切入，因此铣削表面有硬皮的毛坯时，顺铣易使刀具磨损；逆铣时，刀刃不是从毛坯的表面切入，表面硬皮对刀具的磨损影响较小，但开始铣削时刀齿不能立刻切入工件，而是一面挤压加工表面，一面滑行，使加工表面产生硬化，不仅使刀具磨损加剧，并且使加工表面粗糙度增大。

综上所述，周铣时一般都采用逆铣，特别是粗铣；精铣时，为提高工件表面质量，可采用顺铣，如果工作台丝杠与螺母间有间隙补偿或调整机构，顺铣更具有优势。

2. 端铣法

用分布在铣刀端面上的切削刃进行铣削的方法称为端铣法，简称端铣。根据铣刀在工件上的铣削位置，端铣可分为对称端铣与不对称端铣两种方式，如图 2.31 所示。

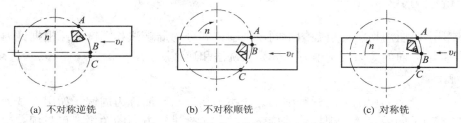

(a) 不对称逆铣   (b) 不对称顺铣   (c) 对称铣

图 2.31   端铣的对称铣和不对称铣

(1) 不对称端铣(见图 2.31(a)、(b))。在切削部位，铣刀中心偏向工件铣削宽度一边的端铣方式称为不对称端铣。

不对称端铣时，按铣刀偏向工件的位置，在工件上可分为进刀部分与出刀部分。图 2.31(a)中 AB 为进刀部分，BC 为出刀部分。按顺铣与逆铣的定义，显然，进刀部分为逆铣，出刀部分为顺铣。不对称端铣时，进刀部分大于出刀部分，称为逆铣；反之称为顺铣。不对称端铣时，通常应采用图 2.31(a)所示的逆铣方式。

(2) 对称端铣(见图 2.31(c))。在切削部位，铣刀中心处于工件铣削宽度中心的端铣方式称为对称端铣。用端铣刀进行对称端铣时，只适用于加工短而宽或厚的工件，不宜铣削狭长形较薄的工件。

2.3.9   铣削时切削液的合理选用

铣削时切削液应根据工件材料、刀具材料、加工方法和技术要求等因素合理选用。

(1) 加工铸铁、铝、青铜等材料时，产生的切削热较少，同时为了防止切屑和切削液粘在一起而影响加工，一般不用切削液。

(2) 硬质合金铣刀的红硬性好，用硬质合金铣刀进行高速铣削时，通常不用切削液。如果确实需要使用切削液，可选用乳化液，但必须连续、充分地浇注，不能间断。高速钢铣刀的红硬性较差，用高速钢铣刀铣削合金钢时，采用极压乳化液。

(3) 粗铣时，产生的切屑较多，热量也大，主要以冷却为主，兼顾润滑，应选用冷却和润滑性能较好的切削液，如低浓度乳化液等；精铣时为了保证加工表面的质量，以润滑为主，一般使用润滑性能较好的切削液，如极压乳化液或极压切削油。

(4) 当使用切削液时，切削液应浇注在铣刀和工件的接触处，且一开始铣削就立即浇注切削液。

铣削时，常用切削液的选用见表 2.18。

表 2.18　铣削时常用的切削液

工件材料	粗　　铣	精　　铣
碳素钢	乳化液、苏打水	乳化液、极压乳化液、混合油、硫化油等
合金钢	乳化液、极压乳化液	
不锈钢、耐热钢	乳化液、极压切削油、硫化乳化液、极压乳化液	氯化煤油、煤油加 25% 的植物油、煤油加 20% 的松节油和 20% 的油酸、硫化油、极压切削油
铸钢	乳化液、极压乳化液、苏打水	乳化液、极压切削油、混合油
青铜、黄铜	一般不用，必要时用乳化液	乳化液、含硫极压乳化液
铝合金	一般不用，必要时用乳化液、混合油	柴油、混合油、煤油、松节油
铸铁	一般不用，必要时用压缩空气或乳化液	

项目 3　钻削箱体孔

【项目导入】

工作对象：图 3.1 所示为箱体零件图，中批量生产。

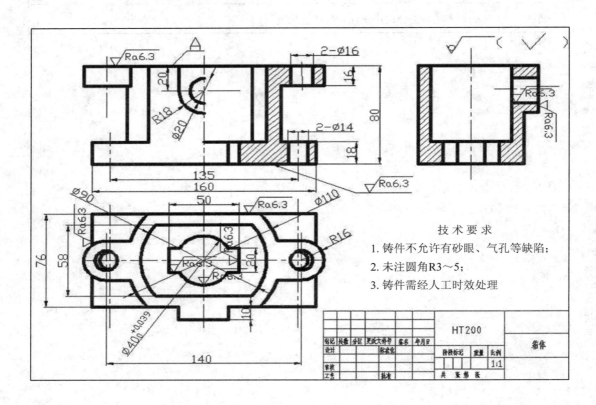

图 3.1　箱体零件图

箱体零件是机器及部件的基础零件。

功用：将机器及其部件中的轴、轴承、套和齿轮等零件按一定的相互位置关系装配成一个整体，使其按预定传动关系协调运动。箱体零件的加工精度直接影响机器的工作精度、使用性能和寿命。

【知识目标】

(1) 了解箱体类零件的结构特点。

(2) 掌握常用孔加工方法及工艺特点。

(3) 熟知常用孔加工刀具类型、参数与用途。

(4) 孔加工方法选择的一般原则。

【能力目标】

(1) 能根据箱体零件的孔或孔系加工要求合理拟定加工方法的能力。

(2) 具备合理选择孔加工刀具并在机床上安装与对刀的能力。

(3) 具备孔或孔系加工能力。

(4) 能使用常用量具对加工的孔进行测量。

(5) 培养学生分析问题、解决实际工程问题的能力。

任务 3.1　拟定孔加工方法，选用孔加工刀具

【任务描述】

中批量加工图 3.1 中 ϕ40 孔和 2-ϕ14孔，请根据图中孔的尺寸、形状、工件材料等已知条件拟定合适的孔加工方法并选用合适的孔加工刀具。

【知识目标】

(1) 了解箱体类零件的结构特点。

(2) 掌握常用孔及孔系的加工方法及工艺特点。

(3) 掌握孔加工刀具的种类、用途及特点。

【能力目标】

(1) 能根据零件图上孔或孔系精度和技术要求、生产批量、材料性能等已知信息，为其加工拟定合理的加工方法。

(2) 能选用孔加工刀具。

【教学组织方法】

教学组织方法见表 3.1。

表 3.1　任务 3.1 教学组织方法

资　讯	1. 准备知识：本节"知识链接"(孔加工刀具)； 2. 教学参考书：《金属切削加工技术实训教程》、《机械加工设备》、《公差配合与技术测量》； 3. 讲解知识要点、观看实物、讲解案例、观看视频、参观工厂
计划与决策	1. 分组讨论，明确任务要求； 2. 编写任务实施计划和实施方案； 3. 讨论、分析实施计划的可行性(教师参与)，确定可行的实施计划和方案； 4. 按计划分配任务到每一个人
实施与检查	分组，按实施方案及计划步骤熟悉孔加工刀具的种类、用途、特点并选用孔加工刀具(教师指导)
评　估	1. 各种孔加工刀具的熟悉程度； 2. 选用孔加工刀具的准确性、正确性

【教学过程】

3.1.1　资讯

(1) 明确任务要求：了解箱体的主要功能是支承其他诸如输出轴、齿轮等零件，使之保持一定的位置关系；分析零件图$\phi40$ 孔和 $2-\phi14$ 孔加工精度和表面粗糙度要求，拟定加工方法及顺序。

(2) 准备知识：零件结构工艺性分析、毛坯及热处理、表面加工方法的选择。

(3) 教学参考书：《机械制造工艺学》、《金属切削加工技术实训教程》、《公差配合与技术测量》。

(4) 讲解知识要点、观看实物、讲解案例、观看视频、参观工厂。

3.1.2　计划与决策

1. 计划

图 3.1 中$\phi40^{+0.039}_{0}$孔公差等级为 IT8 级，表面粗糙度为 Ra 1.6 μm，$2-\phi14$ 孔尺寸精度在零件图中没有明确要求，属于自由公差，按 IT13～IT11 级对待；材料为 HT200，灰口铸铁有着良好的切削加工性；中批量生产，在保证加工精度的前提下首先考虑切削加工效率较高的加工方法，综合以上分析拟定如下方案：

A 计划

$\phi40^{+0.039}_{0}$：钻→扩→铰；$2-\phi14$：钻。

B 计划

$\phi40^{+0.039}_{0}$：毛坯预制孔$\phi37.4$→粗镗→精镗；$2-\phi14$ 孔：钻。

2. 决策

$\phi40^{+0.039}_{0}$孔加工属于箱体中孔系中批量加工，该孔是零件的设计基准，尺寸精度和表面粗糙度要求偏高，因此应优先考虑选用镗削加工方法，因为一方面镗削加工几乎是大尺寸孔的唯一加工方法，另一方面镗削能加工出位置精度要求较高的孔，特别适合箱体零件上的孔系加工。2-ϕ14 的小孔只需采用麻花钻钻削加工即可满足加工精度。综合以上分析，应选择 B 计划。

3.1.3　任务实施

具体的加工方法、机床、刀具选择如表 3.2 所示。

表 3.2　$\phi40_{0}^{+0.039}$ 和 2-ϕ14 加工方案

加工内容	加工方法	加工设备	刀具规格	刀具材料	备注
2-ϕ14	钻	Z3040	ϕ14 直柄麻花钻	W18Cr4V	—
粗镗孔毛坯预制孔至ϕ39.4	镗	T68	双刃镗刀	YG6	—
半精镗孔至ϕ39.8	镗	T68	双刃镗刀	YG6	—
精镗孔至ϕ40	镗	T68	双刃镗刀	YG6	—

3.1.4　检查与考评

1. 检查

(1) 学生自行检查工作任务的完成情况。

(2) 小组间互查，进行方案的技术性、经济性和可行性分析。

(3) 教师专查，进行点评，组织方案讨论。

(4) 针对问题进行修改，确定最优方案。

(5) 整理相关资料，归档。

2. 考评

考核评价按表 3.3 中的项目和评分标准进行。

表 3.3　任务 3.1 考核评价表

序号	考核评价项目		考核内容	学生自检	小组互检	教师终检	配分	成绩
1	过程考核	专业能力	相关知识点的学习				50	
			加工方法的选择					
			加工方案的拟定					
2		方法能力	信息搜集、自主学习、分析解决问题、归纳总结及创新能力				10	
3		社会能力	团队协作、沟通协调、语言表达能力及安全文明、质量保障意识				10	
4	常规考核		自学笔记				10	
5			课堂纪律				10	
6			回答问题				10	

【知识链接】

3.1.5 常见的钻孔加工以及钻削运动

钻削一般是在钻床上进行的。钻床上可以进行下列工作，如图 3.2 所示。在实心工件上钻孔(见图(a))；在铸出的、锻出的和预先钻出的孔上扩孔(见图(b))；铰圆柱孔(见图(c))；铰圆锥孔(见图(d))；用丝锥攻螺纹(见图(e))；锪圆柱形埋头孔(见图(f))；锪圆锥形埋头孔(见图(g))；修刮端面(见图(h))等。

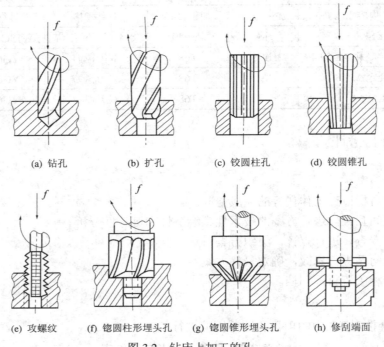

| (a) 钻孔 | (b) 扩孔 | (c) 铰圆柱孔 | (d) 铰圆锥孔 |

| (e) 攻螺纹 | (f) 锪圆柱形埋头孔 | (g) 锪圆锥形埋头孔 | (h) 修刮端面 |

图 3.2　钻床上加工的孔

用钻头在实心材料上加工出孔，称为钻孔。钻孔的工作多数是在各种钻床上进行的。钻孔时，工件固定不动。钻头装在钻床主轴内，一面旋转，同时又沿钻头轴线方向切入工件内，钻出钻屑。因此，钻头的运动是由以下两种运动合成的，见图 3.3。

图 3.3　钻孔

(1) 切削运动(主体运动)。切削运动是钻头绕本身轴线的旋转运动，使钻头沿着圆周进行切削。

(2) 进给运动(进刀运动)。进给运动是钻头沿轴线方向的前进运动，使钻头切入工件，连续地进行切削。

由于两种运动同时进行，因此除钻头的轴心线以外的每一点的运动轨迹都是螺旋线，钻屑也呈螺旋形。

钻孔可加工的精度一般为 IT11～IT13 级，Ra 可达 12.5 μm，适用于加工要求不高的孔。

钻头是钻孔用的主要切削工具，种类很多，有麻花钻、中心钻、锪钻，按钻头材料又可分为高速钢钻头、硬质合金钻等。

钻削时的切削运动和车削一样，由主运动和进给运动组成。其中，钻头(在钻床上加工孔时)或工件(在车床上加工孔时)的旋转运动为主运动，钻头的轴向运动为进给运动。

钻削属于内表面加工，钻孔时，钻头的切削部分始终处于一种半封闭状态，切屑难以排出，而加工产生的热量又不能及时散发，导致切削区温度很高。浇注切削液虽然可以改善切削条件，但由于切削区是在内部，切削液最先接触的是正在排出的热切屑，待其到达切削区时，温度已显著升高，冷却作用已不明显。另外，为了便于排屑，一般在钻头上开出两条较宽的螺旋槽，导致钻头本身的强度及刚度都比较差；而横刃的存在，使钻头定心性差，易引偏，孔径容易扩大，且加工后的表面质量较差，生产效率也较低。因此，在钻削加工中，冷却、排屑和导向定心是三大突出而又必须重点解决的问题。

3.1.6　常用的孔加工刀具

1. 麻花钻

1) 麻花钻概述

麻花钻是目前孔加工中应用最广泛的刀具。它主要用来在实体材料上钻出较低精度的孔，或作为攻螺纹、扩孔、铰孔和镗孔前的预加工。麻花钻有时也可当作扩孔钻使用。钻孔直径范围为 0.1～80 mm，一般加工精度为 IT11～IT13，表面粗糙度值为 Ra 12.5～6.3 μm。加工 30 mm 以下的孔时，至今仍以麻花钻为主。

按刀具材料不同，麻花钻分为高速钢麻花钻和硬质合金麻花钻。本节重点介绍高速钢麻花钻。高速钢麻花钻的种类很多，按柄部分类，有直柄和锥柄之分。直柄一般用于小直径钻头；锥柄一般用于大直径钻头；按长度分类，则有基本型和短、长、加长、超长等各型钻头。

2) 麻花钻的组成

标准麻花钻由柄部、颈部和工作部分组成，如图 3.4(a)所示。

(1) 柄部。柄部是钻头的装夹部分，用于与机床的连接并传递转矩。当钻头直径小于 13 mm 时通常采用直柄(圆柱柄)；大于 12 mm 时则采用圆锥柄。锥柄后端的扁尾是供使用楔铁将钻头从钻套中取出时使用。

(2) 颈部。颈部是柄部和工作部分之间的连接部分，作为磨削钻头柄部时砂轮退刀和打印标记(钻头的规格及厂标)用。为制造方便，直柄麻花钻一般不制作颈部。

(3) 工作部分。麻花钻的工作部分有两条螺旋槽，其外形很像麻花，因此而得名。它是钻头的主要部分，由导向部分和切削部分组成。

① 导向部分。钻头的导向部分由两条螺旋槽所形成的两螺旋形刃瓣组成，两刃瓣由钻芯连接。为减小两螺旋形刃瓣与已加工表面的摩擦，在两刃瓣上制出了两条螺旋棱边(称为刃带)，用以引导钻头并形成副切削刃；螺旋槽用以排屑和导入切削液并形成前刀面。导向部分也是切削部分的备磨部分。

② 切削部分。钻头的切削部分由两个螺旋形前刀面、两个圆锥后刀面(刃磨方法不同，也可能是螺旋面)、两个副后刀面(刃带棱面)、两条主切削刃、两条副切削刃(前刀面与刃带

的交线)和一条横刃(两个后刀面的交线)组成，如图 3.4(b)、(c)所示。主切削刃和横刃起切削作用，副切削刃起导向和修光作用。

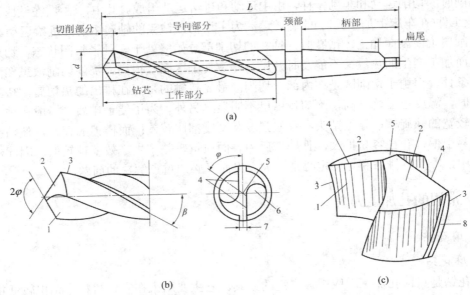

(a)

(b)　　　　　　　　　　　　　　　　　　　　　　(c)

1—前刀面；2—后刀面；3—副切削刃；4—主切削刃；5—横刃；6—螺旋槽；7—棱边；8—副后刀面

图 3.4　麻花钻的组成

3) 麻花钻的结构参数

麻花钻的结构参数是指钻头在制造时控制的尺寸和有关角度，它们是决定钻头几何形状的独立参数，包括直径 d、钻心直径 d_0、螺旋角 β 等。

(1) 直径 d 是指钻头两刃带间的垂直距离。标准麻花钻的直径系列在国家标准中已有规定。为了减少刃带与工件孔壁间的摩擦，直径做成向钻柄方向逐渐减小，形成倒锥，相当于副偏角的作用，其倒锥量一般为(0.05～0.12)/100 mm。

(2) 钻心直径 d_0 是指钻心与两螺旋槽底相切圆的直径。它直接影响钻头的刚性与容屑空间的大小。一般钻心直径约为钻头直径的 0.05 倍。对标准麻花钻而言，为提高钻头的刚性与强度，钻心直径制成向钻柄方向逐渐增大的正锥，如图 3.5 所示。其正锥量一般为(1.4～2)/100 mm。

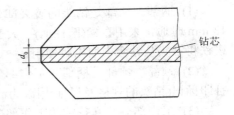

图 3.5　钻芯直径

(3) 螺旋角 β 是指钻头刃带棱边螺旋线展开成直线后与钻头轴线间的夹角。螺旋角实际上就是钻头的进给前角。因此，螺旋角越大，钻头的进给前角越大，钻头越锋利。但螺旋角过大，会使钻头刚性变差，散热条件变坏。麻花钻不同直径处的螺旋角不同，外径处螺旋角最大，越近中心螺旋角越小。标准麻花钻螺旋角 $\beta = 18° \sim 30°$。螺旋角的方向一般为右旋。

4) 麻花钻的规格

麻花钻的规格见表 3.4。

表 3.4 麻花钻的规格表

0.25	1.95	4.50	7.80	10.80	14.80	18.00	21.90	26.50	32.00	37.30	42.50	47.90
0.30	2.00	4.70	7.90	10.90	14.90	18.30	22.00	26.60	32.50	37.50	42.70	48.00
0.35	2.05	4.80	8.00	11.00	15.00	18.40	22.30	26.90	32.60	37.60	42.90	48.50
0.40	2.10	4.90	8.10	11.20	15.10	18.50	22.40	27.00	32.70	37.80	43.00	48.60
0.45	2.15	5.00	8.20	11.30	15.20	18.60	22.50	27.60	32.90	37.90	43.30	48.70
0.50	2.20	5.10	8.30	11.40	15.30	18.80	22.60	27.70	33.00	38.00	43.50	48.90
0.55	2.25	5.20	8.40	11.50	15.40	18.90	22.70	27.80	33.40	38.50	43.80	49.00
0.60	2.30	5.30	8.50	11.70	15.50	19.00	22.80	27.90	33.50	38.60	44.00	49.50
0.65	2.40	5.40	8.60	11.80	15.60	19.10	22.90	28.00	33.60	38.70	44.40	49.60
0.70	2.50	5.50	8.70	11.90	15.70	19.20	23.00	28.10	33.70	38.90	44.50	49.70
0.75	2.60	5.70	8.80	12.00	15.80	19.30	23.50	28.30	33.80	39.00	44.60	49.90
0.80	2.65	5.80	8.90	12.10	15.90	19.40	23.60	28.50	33.90	39.20	44.70	50.00
0.85	2.70	5.90	9.00	12.30	16.00	19.50	23.70	28.60	34.00	39.50	44.80	50.00
0.90	2.80	6.00	9.10	12.40	16.20	19.60	23.90	28.80	34.40	39.60	44.90	51.00
0.95	2.90	6.20	9.20	12.50	16.30	19.70	24.00	29.00	34.50	39.70	45.00	52.00
1.00	3.00	6.30	9.30	12.70	16.40	19.90	24.10	29.20	34.60	39.80	45.10	53.00
1.10	3.15	6.40	9.40	12.90	16.50	20.00	24.30	29.30	34.80	39.90	45.50	54.00
1.15	3.20	6.50	9.50	13.00	16.60	20.30	24.50	29.60	35.00	40.00	45.60	55.00
1.20	3.30	6.60	9.60	13.20	16.70	20.40	24.60	30.00	35.20	40.30	45.70	56.00
1.25	3.40	6.70	9.70	13.30	16.80	20.50	24.70	30.50	35.50	40.50	45.90	57.00
1.30	3.50	6.80	9.80	13.50	16.90	20.60	24.80	30.70	35.60	40.80	46.00	58.00
1.35	3.60	6.90	9.90	13.70	17.00	20.70	24.90	30.80	35.70	41.00	46.20	60.00
1.40	3.70	7.00	10.00	13.80	17.10	20.80	25.00	30.90	35.80	41.40	46.40	62.00
1.45	3.75	7.10	10.10	13.90	17.20	20.90	25.30	31.00	35.90	41.50	46.50	65.00
1.50	3.80	7.20	10.20	14.00	17.30	21.00	25.50	31.30	36.00	41.60	46.70	68.00
1.60	3.90	7.30	10.30	14.30	17.40	21.20	25.60	31.40	36.50	41.70	46.90	70.00
1.70	4.00	7.40	10.40	14.40	17.50	21.50	25.90	31.50	36.60	41.90	47.00	72.00
1.75	4.10	7.50	10.50	14.50	17.60	21.60	26.00	31.60	36.70	42.00	47.50	75.00
1.80	4.20	7.60	10.60	14.60	17.70	21.70	26.10	31.70	36.80	42.20	47.60	78.00
1.90	4.40	7.70	10.70	14.70	17.90	21.80	26.40	31.80	37.00	42.40	47.80	80.00

5) 麻花钻的几何参数

麻花钻的两条主切削刃相当于两把反向安装的车孔刀切削刃，切削刃不过轴线且相互错开，其距离为钻心直径，相当于车孔刀的切削刃高于工件中心，表示钻头几何角度所用的坐标平面，其定义也与本书项目 1 中从车刀引出的相应定义相同。

(1) 基面与切削平面如图 3.6 所示。

① 基面 P。主切削刃上选定点 A 的基面 P 是通过该点且包括钻头轴线在内的平面。显然，它与该点切削速度 v_c 的方向垂直。因主切削刃上选定点的切削速度垂直于该点的回转半径，所以基面 P 总是包含钻头轴线的平面，同时各点基面的位置也不同。

② 切削平面 P_s。主切削刃选定点的切削平面是通过该点与主切削刃相切并垂直于基面的平面。显然切削平面的位置也随基面位置的变化而变化。

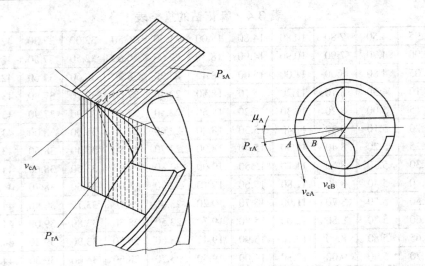

图 3.6　麻花钻的基面与切削平面

此外，正交平面 P_o、假定工作平面 P_f 和背平面 P_p 等的定义也与车削中的规定相同。

(2) 麻花钻的几何角度如图 3.7 所示。

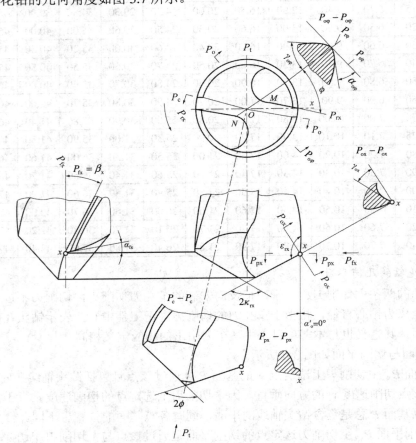

图 3.7　麻花钻的几何角度

　　麻花钻的各种几何参数性质不同。有一些是钻头制造时已定的参数，使用者在使用时无法改变，例如钻头直径 d、直径倒锥度(κ_r')、钻心直径 d_0、螺旋角 β 等，可以称之为固有参数。对另一些几何参数，钻头的使用者可以根据具体的加工条件，通过刃磨而控制其大小，它们是构成钻头切削部分几何形状的独立参数，也称独立角度，包括顶角 2ϕ、侧后角 α_f、横刃斜角 ψ。还有一些几何参数是非独立的，是由钻头的固有参数和独立角度通过几何换算而求得的，例如主切削刃上的主偏角 κ_r、刃倾角 λ_s、前角 L、后角 α_o 等，一般称为派生角度。

　　① 顶角 2ϕ。顶角是指两主切削刃在与其平行的轴向平面(P_c–P_c)内投影之间的夹角。标准麻花钻的顶角 2ϕ 一般为 $118°$。

　　② 主偏角 κ_r。任一点的主偏角 κ_{rx} 是指主切削刃在该点基面(P_{rx}–P_{rx})内的投影与进给方向间的夹角。由于主切削刃上各点的基面不同，因此主切削刃上各点的主偏角也是变化的，外径处大，钻心处小。

　　当顶角 2ϕ 磨出后，各点主偏角 κ_r 也就确定了。顶角 2ϕ 与外径处主偏角 κ_r 的大小较接近，故常用顶角 2ϕ 的大小来分析对钻削过程的影响。

　　③ 前角 γ_o。主切削刃上任一点的前角 γ_{ox} 是在正交平面内测量的前刀面与基面间的夹角。在假定工作平面内，前角也是螺旋角，它与主偏角有关。由于螺旋角越靠近钻芯越小，故在切削刃上各点的前角也是变化的。标准麻花钻主切削刃上各点的前角变化很大，从外径到钻心处，可由 $+30°$ 减小到 $-30°$。因此，靠近中心处时切削条件很差。

　　此外，由于主切削刃前角不是直接刃磨得到的，因而钻头的工作图上一般不标注前角。

　　④ 后角 α_f。主切削刃上任一点的后角是在假定工作平面内测量的后刀面与切削平面间的夹角。在刃磨后刀面时，后角应满足外径处小、钻心处大。一般从 $8°\sim14°$ 增大到 $20°\sim27°$。其主要目的是，减少进给运动对主切削刃上各点工作后角产生的影响，改善横刃处切削条件，使主切削刃上各点的楔角基本相等。

　　⑤ 副后角 α_o'。钻头的副后面(刃带)是一条狭窄的圆柱面，因此副后角 $\alpha_o'=0°$。

　　⑥ 横刃角度。横刃是两个主后刀面的交线。横刃角度是在端平面 P_1 上表示的，包括横刃斜角 ψ、横刃前角 $\gamma_{o\psi}$ 和横刃后角 $\alpha_{o\psi}$。ψ 是横刃与主切削刃之间的夹角，它是刃磨后刀面时形成的。标准麻花钻的横刃斜角一般为 $50°\sim55°$。当后角磨得偏大时，横刃斜角减小，横刃长度增大。因此，在刃磨麻花钻时，可以通过观察横刃斜角的大小来判断后角磨得是否合适。

　　6) 钻头磨损的特点

　　高速钢钻头磨损的主要原因是相变磨损。其磨损过程和规律与车刀相同。但钻头切削刃各点负荷不均，外圆周切削速度最高，因此磨损最为严重。

　　钻头磨损的形式主要是后面磨损。当主切削刃后面磨损达到一定程度时，还伴随有刃带磨损。刃带磨损严重时会使外径减小，形成锥度，如图 3.8 所示。此时一段副切削刃 AB 变为主切削刃的一部分。切下宽而薄的切屑，扭矩急增，容易咬死而导致钻头损坏。

　　钻头的磨损限度常取外缘转角处的磨损极限，V_B 值为刃带宽度的 $0.8\sim1$ 倍。一般钻铸铁的 V_B 值为 $1\sim2$ mm。钻有色金属时的 V_B 值由加工质量要求决定。

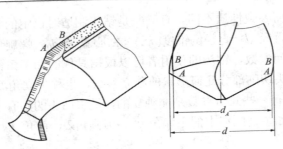

图 3.8　钻头刃带的磨损

钻小孔或深孔时，钻头的磨损常以钻削力不超过某一限度为标准。当扭矩或进给力超过时，通过报警装置发信，控制自动退刀。

影响钻头寿命的因素很多，主要包括钻头材料与热处理状态、钻头结构、刃形参数、切削条件等。钻头硬度高、结构刚性好、刃形几何参数与加工材料搭配得越合理、刃磨对称度越高、切削用量优化得越合理，则钻头寿命越长。

7) 麻花钻的缺陷与修磨

(1) 麻花钻的结构缺陷。

标准麻花钻由于本身结构的原因，存在以下缺陷：

① 主切削刃方面。主切削刃上各点前角不相等，从外径到钻心处的变化为 +30°～−30°，各点切削条件相差很大，切削速度的方向也不同。同时，主切削刃较长，切削宽度大，各点的切屑流出速度和方向不同，互相牵制不利于切屑的卷曲，切削液也不易注入切削区，不利于排屑与冷却。另外，主切削刃外径处的切削速度高，切削温度高，切削刃易磨损。

② 横刃方面。横刃较长，引钻时不易定心，钻削时容易使孔钻偏。同时，横刃处的前角为较大的负值，钻心处的切削条件较差，轴向力大。

③ 刃带棱边。刃带棱边处无后角($\alpha_o' = 0$)，摩擦严重，主切削刃与刃带棱边转角处的切削速度又最高，刀尖角也较小，热量集中不易传散，磨损最快，也是钻头最薄弱的部位。

标准麻花钻结构上的这些特点，严重影响了它的切削性能，因此在使用中常常加以修磨。

(2) 钻头的修磨。

钻头的修磨是指在普通刃磨的基础上，根据具体工艺要求进行补充的刃磨。手工修磨钻头灵活、方便，但难以磨得对称。最好使用刃磨夹具或刃磨机床。

修磨后的钻头一般均可改善其结构缺陷：如横刃较长、钻芯部位前角较小等，能显著降低进给力，提高钻孔的效率。

钻头修磨还可适应特定材料、特定形状零件的加工要求，充分发挥麻花钻的潜力，扩大钻孔的工艺性能，效果非常显著。

(3) 常用的修磨方法。

① 修磨横刃。

修磨横刃的目的是增大钻尖部分的前角、缩短横刃的长度，以降低进给力。常用的修磨形式如图 3.9 所示。

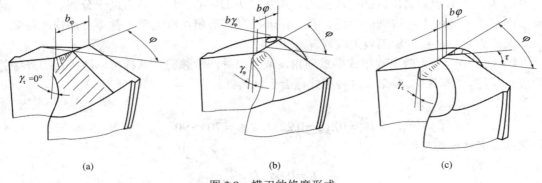

图 3.9　横刃的修磨形式

第一种修磨形式如图 3.9(a)所示，将横刃磨出十字形，长度不变，刃倾角仍为零度，但显著增大了横刃前角。这种修磨形式手法简单，使用机床夹具时，调整参数少。但却使钻芯强度有所减弱，并要求砂轮圆角半径较小。

第二种修磨形式如图 3.9(b)所示，保持原有横刃长度，磨大横刃前面容屑槽，留出很窄的倒棱刃。这种修磨形式钻尖强度很高，且能使钻削进给力显著降低。

第三种修磨形式如图 3.9(c)所示，将钻尖磨出新的内直刃，既缩短横刃的长度，又增大前角，同时加大钻尖处容屑空间。这种修磨形式既能保持钻尖的强度，又能显著降低钻削进给力，对修磨用的砂轮圆角无严格要求，因而得到广泛推广使用。其修磨参数为：$b_{\varphi} = (0.04 \sim 0.06)d$，$\tau = 20° \sim 30°$，$\gamma_{\tau} = 0° \sim -15°$。

这种修磨形式对手工操作的熟练程度有一定的要求，因为从起始到终了的修磨过程中，钻头与砂轮的相对位置一直要变动，到达终了位置时才能保证要求的修磨参数。

② 修磨主切削刃。

修磨主切削刃的要求是改变刃形或顶角，以增大前角，控制分屑、断屑，或改变切削负荷分布，增大散热条件，提高钻头寿命。常用的修磨形式如图 3.10 所示。

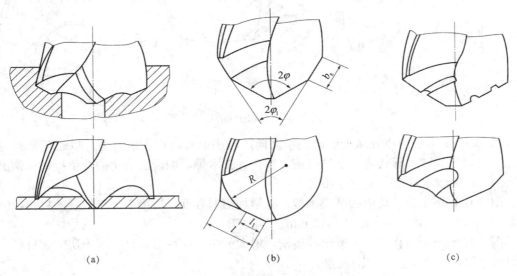

图 3.10　主切削刃的修磨形式

图 3.10(a)所示为磨出内凹的圆弧刃，加强钻头的定心作用，这有助于分屑、断屑。这种修磨形式还能用于不规则的毛坯扩孔。钻薄板时需磨出深度大于工件厚度的内凹圆弧，以形成外刃套料钻孔，加工效果较好。

图 3.10(b)所示为磨出双重或多重顶角，或磨出外凸圆弧刃，这样可以改善钻刃外缘处的散热条件，提高钻头寿命。这种形式适合于钻铸铁。

双重顶角的参数为

$$b_\varepsilon = (0.18 \sim 0.22)d, \ 2\varphi_1 = 70° \sim 90°$$

圆弧刃钻头的参数为

$$R = 0.6d, \ l_1 = \frac{l}{3}$$

图 3.10(c)所示为磨出分屑槽，以便于排屑。分屑槽可交错开、单边开或磨出阶梯刃。这种形式适用于中等以上直径的钻头切削钢的情况。

③ 修磨前面。

修磨前面的要求是改变前角的分布，增大或减小前角，或改变刃倾角，以满足不同的加工要求。常用的修磨形式如图 3.11 所示。

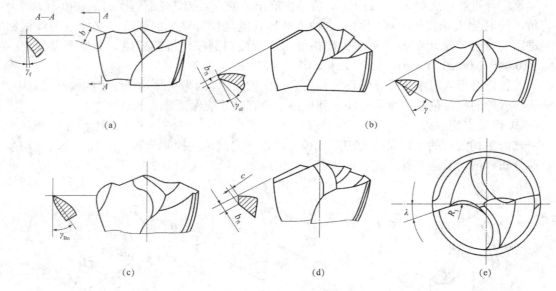

图 3.11　前面的修磨形式

图 3.11(a)所示为将外缘处磨出倒棱前面，减小前角，增大进给力，以避免钻孔时的"扎刀"现象。这种形式适合于钻黄铜、塑料、胶木等。倒棱面前角的数值：钻黄铜磨成 $5° \sim 10°$；钻胶木磨成 $-5° \sim -10°$。

图 3.11(b)所示为沿切削刃磨出倒棱，以增加刃口强度，适用于加工较硬的材料。倒棱参数：$\gamma_{o1} = 0° \sim 10°$，$b_{\gamma 1} = 0.1 \sim 0.2 \ \text{mm}$。

图 3.11(c)所示为在前面上磨出卷屑槽，增大前角。这种形式只适用于切削软材料，如有机玻璃等，可提高加工表面质量。

图 3.11(d)所示为在前面上磨出断屑台，以强迫断屑。

图 3.11(e)所示为在前面上磨出大前角及正的刃倾角，控制切屑向孔底方向排出，适用于精扩孔钻。

④ 修磨后面。

修磨后面的要求是在不影响钻刃的强度下，增大后角，以增大钻槽容屑空间，改善冷却效果。如图 3.12 所示，将后面磨出双重后角，第二后角 $\alpha_{f2} = 45° \sim 60°$。

⑤ 修磨刃带。

修磨刃带的要求是减少刃带宽度，磨出副后角，以减少刃带与孔壁的摩擦。这种形式适用于韧性大、软材料的精加工。刃带的修磨参数是：$\alpha'_o = 6° \sim 8°$，$b_{\alpha1} = 0.2 \sim 0.4$ mm，$l_o = 1.5 \sim 4$ mm。

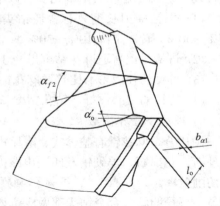

图 3.12　修磨后刀面及刃带

8) 群钻

群钻是针对标准麻花钻的缺陷，经过综合修磨后而形成的新钻型，在长期的生产实践中已演化扩展成一整套钻型。图 3.13 所示为基本型群钻切削部分的几何形状。群钻的刃磨主要包括磨出月牙槽、修磨横刃、开分屑槽等。群钻共有七条切削刃，外形上呈现三个尖。其主要特点是：三尖七刃锐当先，月牙弧槽分两边，一侧外刃开屑槽，横刃磨低窄又尖。

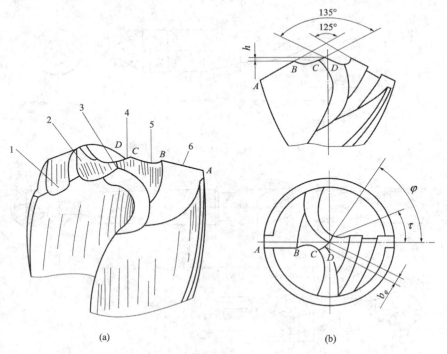

(a)　　　　　　　　(b)

1—分屑槽；2—月牙槽；3—横刃；4—内直刃；5—圆弧刃；6—外直刃

图 3.13　基本型群钻

与普通麻花钻相较，群钻具有以下优点：

(1) 群钻横刃长度只有普通钻头的 1/5，主切削刃上前角平均值增大，进给力下降 35%～50%，转矩下降 10%～30%。

(2) 进给量比普通麻花钻可提高 3 倍，钻孔效率得到很大提高。

(3) 群钻的使用寿命比普通麻花钻可提高 2～4 倍。

(4) 群钻的定心性好，钻孔精度高，表面粗糙度值较小。

9) 硬质合金麻花钻

硬质合金麻花钻有整体式、镶片式和可转位式等结构。加工硬脆材料，如铸铁、玻璃、大理石、花岗石、淬硬钢及印刷电路板等复合层压材料，采用硬质合金钻头时，可显著提高切削效率。

小直径的硬质合金钻头都做成整体结构(见图 3.14(a))。直径 $d>5$ mm 的硬质合金钻头可做成镶片结构(见图 3.14(b))，其切削部分相当于一个扁钻。刀片材料一般用 YG8，刀体材料采用 9SiCr，并淬硬到 50～55HRC。其目的是为了提高钻头的强度和刚性，减小震动，便于排屑，防止刀片碎裂。硬质合金可转位钻头如图 3.15 所示。它选用凸三边形、三边形、六边形、圆形或菱形硬质合金刀片，用沉头螺钉将其夹紧在刀体上，一个刀片靠近中心，另一个在外径处，切削时可起分屑作用。如果采用涂层刀片，切削性能可获得进一步提高。这种钻头适用的直径范围为 $d = 16～60$ mm，钻孔深度一般不超过$(3.5～4)d$，其切削效率比高速钢钻头提高 3～10 倍。

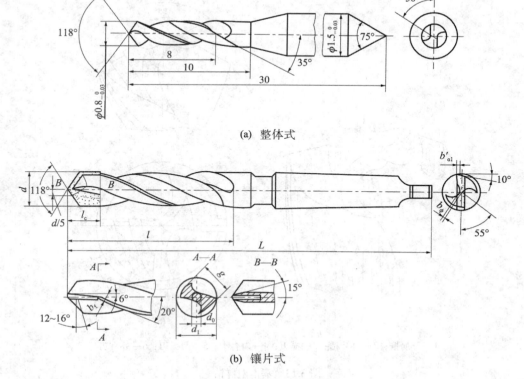

(a) 整体式

(b) 镶片式

图 3.14　硬质合金钻头

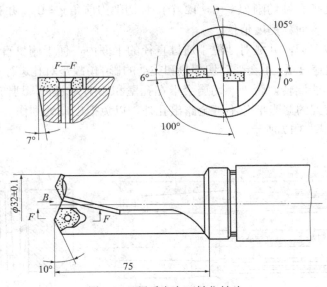

图 3.15　硬质合金可转位钻头

2．扩孔钻

扩孔是对已钻出、铸(锻)出或冲出的孔进行进一步加工，多采用扩孔钻(见图 3.16)进行加工，也可以采用立铣刀或镗刀扩孔。扩孔钻一般有 3～4 个切削刃，切削导向性好；扩孔加工余量小，一般为 2～4 mm；容屑槽较麻花钻小，刀体刚度好；没有横刃，切削时轴向力小。所以扩孔钻的加工质量和生产率均优于钻孔。扩孔对于预制孔的形状误差和轴线的歪斜有修正能力，其加工精度可达 IT10，表面粗糙度值为 Ra 3.2～6.3 μm。

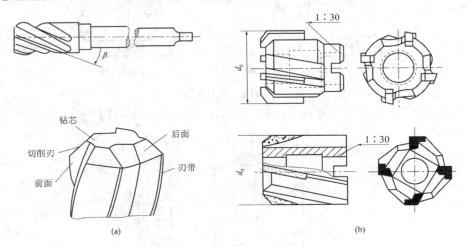

图 3.16　扩孔钻

3．铰刀

铰孔是用铰刀对孔进行精加工的操作。其加工尺寸精度为 IT7～IT6，表面粗糙度值为 Ra 0.8 μm，加工余量很小(粗铰 0.15～0.5 mm，精铰 0.05～0.25 mm)。

铰刀是用于铰削加工的刀具，包括手用铰刀(直柄、刀体较长)和机用铰刀(多为锥柄，刀体较短)。铰刀比扩孔钻切削刃多(6～12 个),且切削刃前角 $\gamma_o = 0°$,并有较长的修光部分,因此加工精度高,表面粗糙度值低。

铰刀多为偶数刀刃,并成对地位于通过直径的平面内,便于测量直径的尺寸。

手用铰切刀削速度低,不会受到切削热和震动的影响,故是对孔进行精加工的一种方法。

铰孔时铰刀不能倒转,否则,切屑会卡在孔壁和切削刃之间,划伤孔壁或使切削刃崩裂。铰通孔时,铰刀的修光部分不可全露出孔外,以免把出口处划伤。

铰刀和铰孔如图 3.17 所示。

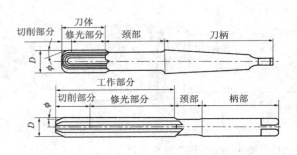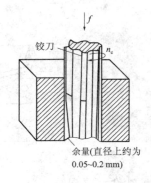

图 3.17 铰刀和铰孔

4. 镗刀

镗刀的种类很多,按照切削刃数量可分为单刃镗刀和双刃镗刀。

(1) 单刃镗刀实际上是一把内圆车刀(见图 3.18)。

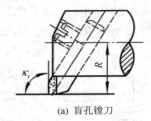

(a) 盲孔镗刀   (b) 通孔镗刀

图 3.18 单刃镗刀

(2) 双刃镗刀有固定式和浮动式两种,装配式浮动镗刀如图 3.19 所示。

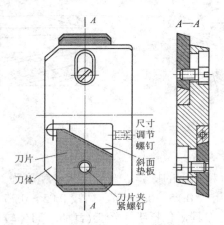

图 3.19 装配式浮动镗刀

5．车孔刀

具体加工过程见 1.5.14 小节。

6．拉刀

1) 拉刀概述

拉刀是高效率、高精度的多齿刀具。拉削时，利用拉刀上相邻刀齿尺寸的变化(即齿升量)来切除加工余量。它能加工各种形状贯通的内、外表面(见图 3.20)，拉削加工后公差等级能达到 IT7～IT9，表面粗糙度值为 Ra 0.5～3.2 μm，主要用于大批量的零件加工。这里主要介绍拉刀的分类、组成以及使用等知识。

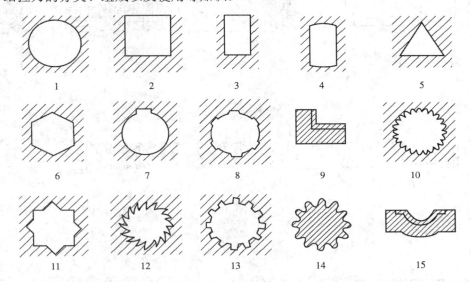

1—圆孔；2—方孔；3—长方孔；4—鼓形孔；5—三角孔；6—六角孔；7—键槽；8—花键孔；9—台阶面；
10—齿纹孔；11—多边形孔；12—棘爪孔；13—内齿轮孔；14—外齿轮；15—成形表面

图 3.20　拉削加工的工件截面形状举例

2) 拉刀的种类与用途

拉刀的种类很多，可根据被加工表面部位、拉刀结构、受力方式的不同来分类。

(1) 按被加工表面部位分类。

按被加工表面部位可分为内拉刀与外拉刀。

图 3.21 所示为常用的几种拉刀，其中圆拉刀、花键拉刀、四方拉刀、键槽拉刀属于内拉刀，平面拉刀属于外拉刀。

(2) 按拉刀的结构分类。

按拉刀的结构可分为整体拉刀、焊接拉刀、装配拉刀和镶齿拉刀。

加工中、小尺寸表面的拉刀，常用高速钢制成整体形式。加工大尺寸、复杂形状表面的拉刀，则可由几个零部件组装而成。对于硬质合金拉刀，则利用焊接或机械镶装的方法将刀齿固定在结构钢刀体上。

图 3.22 列举了装配式直角平面拉刀、装配式内齿轮拉刀和拉削气缸体平面的镶齿硬质合金拉刀。

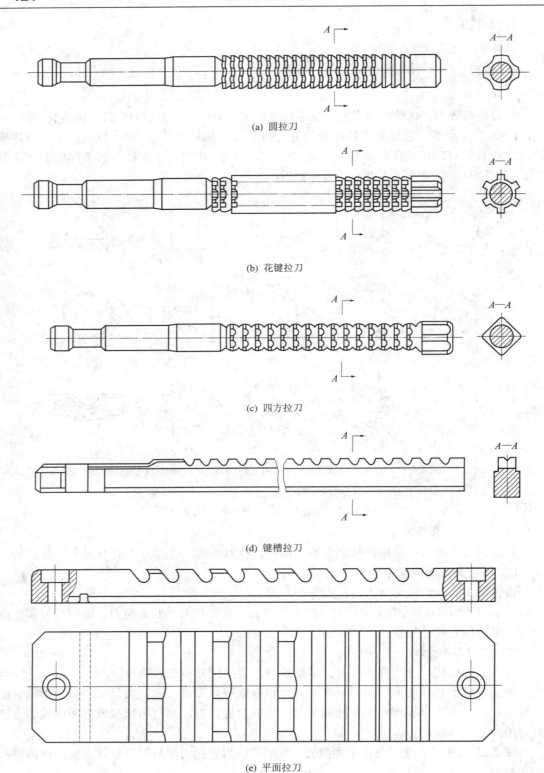

(a) 圆拉刀

(b) 花键拉刀

(c) 四方拉刀

(d) 键槽拉刀

(e) 平面拉刀

图 3.21　内拉刀和外拉刀

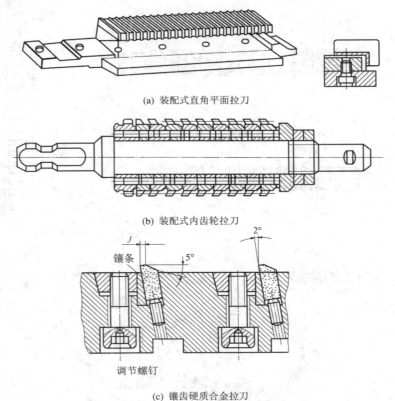

(a) 装配式直角平面拉刀

(b) 装配式内齿轮拉刀

(c) 镶齿硬质合金拉刀

图 3.22 装配拉刀和镶齿拉刀

(3) 按受力方式分类。

按受力方式可分拉刀、推刀和旋转拉刀。

拉刀(推)削工件的原理如图 3.23 所示。

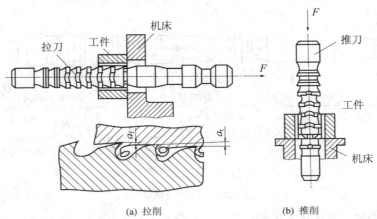

(a) 拉削   (b) 推削

图 3.23 拉刀(推)削工件原理图

推刀的结构与拉刀相似，它的齿数少，长度较短。如图 3.24(a)、(b)所示为常用的花键推刀和圆推刀。推刀是在推力作用下工作的，主要用于校正硬度低于 45HRC 且变形量小于 0.1 mm 的孔。

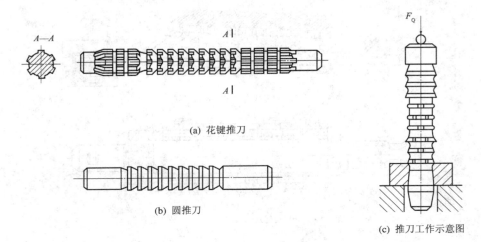

(a) 花键推刀

(b) 圆推刀

(c) 推刀工作示意图

图 3.24　推刀

旋转拉刀(见图 3.25)是在转矩作用下，通过旋转运动进行切削工件的。

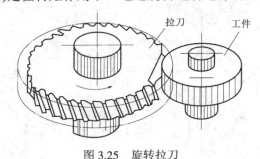

图 3.25　旋转拉刀

3) 拉刀的结构

这里以圆孔拉刀为例，介绍拉刀的结构。圆孔拉刀由工作部分和非工作部分组成，如图 3.26 所示。

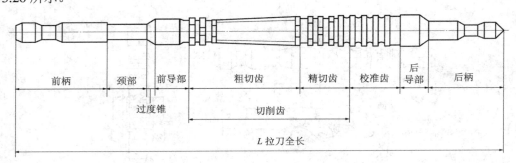

图 3.26　圆孔拉刀结构图

拉刀一般由以下几个部分组成：

(1) 工作部分。工作部分有很多齿，根据它们在拉削时所起作用的不同分为切削部分和校准部分。

① 切削部分。这部分刀齿起切削作用。刀齿直径逐齿依次增大，依次切去全部加工余量。根据加工余量的不同，切削齿又可分为粗切齿、精切齿、校准齿，有的拉刀在粗切齿

和精切齿之间还有过渡齿。

② 校准部分。这部分刀齿起修光与校准作用。校准部分的齿数较少，各齿直径相同。当切削齿经过刃磨直径变小后，前几个校准齿依次变成切削齿。

拉刀的刀齿上都具有前角 γ_o 与后角 α_o，并在后面上作出圆柱刃带 b。相邻两刀齿间的空间是容屑槽。为便于切屑的折断与清除，在切削齿的切削刃上沿着轴向磨出分屑槽。

(2) 非工作部分。拉刀的非工作部分由以下几部分组成：

① 前柄。前柄与拉床连接，传递运动和拉力。

② 颈部。颈部是拉刀的前柄与过渡锥之间的连接部分，它的长度与机床有关，拉刀的标号通常打印在上面。

③ 过渡锥。过渡锥是前导部前端的圆锥部分，用以引导拉刀逐渐进入工件内孔中。

④ 前导部。前导部零件预制孔套在拉刀前导部上，用以保持孔和拉刀的同心度，防止因零件安装偏斜造成拉削厚度不均而损坏刀齿。

⑤ 后导部。后导部用于支撑零件，防止刀齿切离前因零件下垂而损坏已加工表面和拉刀刀齿。

⑥ 后柄。后柄被支撑在拉床承受部件上，防止拉刀因自重而下垂，并可减轻装卸拉刀的繁重劳动。

4) 拉削方式

拉削方式是指加工余量在拉刀各齿上的分配并切除的方式。拉削方式主要分为分层式、分块式和组合式三种，如图 3.37 所示。

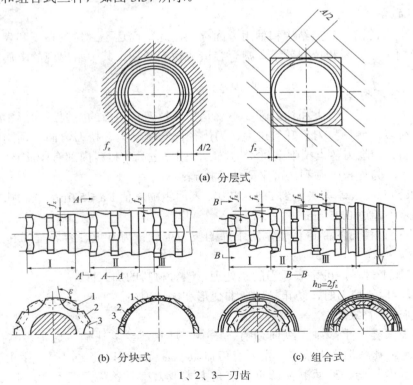

(a) 分层式

(b) 分块式　　　　　(c) 组合式

1、2、3—刀齿

图 3.27　拉削方式

(1) 分层式(见图 3.27(a))。分层式是指每层的加工余量各用一个刀齿切除。在分层式中，根据工件表面最终廓形的形成过程不同，又分成：

① 同廓式。同廓式是指各刀齿廓形与加工表面最终廓形相似，最终廓形是经过最后一个切削齿切削后而形成的。

② 渐成式。渐成式是指每个拉刀刀齿形状和该齿加工后的表面形状不完全与工件表面的最终轮廓相同，而工件表面的最终廓形是经各刀齿上切削刃依次切削后逐渐衔接而形成的。

这种拉削方式的特点是：分层式拉刀的拉削余量少，齿升量小，拉削质量高。使用渐成式拉刀不易提高拉削质量，多用于拉削成形表面，拉刀制造较易。

(2) 分块式(又称轮切式)(见图 3.27(b))。分块式是指把拉刀刀齿分成多个齿组，若干个齿组成一组。同一组刀齿的直径相同或基本相同，它们共同切除拉削余量中的一层金属。每个刀齿的切削位置是相互错开的，各切除一层金属中的一部分，全部余量由几组刀齿按顺序切完。

这种拉削方式的特点是：分块式拉刀的齿升量大，拉削余量多，拉刀长度较短，效率高，拉削质量较差。分块式拉刀可用于拉削大尺寸、多余量工件，也能拉削带氧化皮、杂质的毛坯面。

(3) 组合式(见图 3.30(c))。组合式是分层式与分块式组合而成的拉削方式。组合式拉刀的前部刀齿做成分块式，后部刀齿做成分层式，组合式拉刀兼具有分层与分块式的优点，对于余量较多的圆孔，常使用组合式圆拉刀。

5) 拉刀的合理使用

在生产中常常由于拉刀结构和使用方面存在问题，而达不到拉削精度和表面粗糙度的要求，并影响拉刀寿命和拉削效率，甚至会造成拉刀断裂。其中常出现的弊病及解决的途径简述如下。

(1) 拉刀的断裂及刀齿损坏。

拉削时刀齿上受力过大和拉刀强度不够是损坏拉刀和刀齿的主要原因。影响刀齿受力过大的因素很多，例如拉刀齿升量过大、刀齿径向圆跳动大、拉刀弯曲、预制孔太粗糙、工件夹持偏斜、切削刃各点拉削余量不均、工件强度过高、材料内部有硬质点、严重粘屑、容屑槽堵塞等。为使拉削顺利，可采取如下措施：

① 要求预制孔公差等级达到 IT8～IT10、表面粗糙度值 Ra≤5 μm，预制孔与定位端面的垂直度偏差不超过 0.05 mm。

② 严格检查拉刀的制造精度，对于外购拉刀可进行齿升量、容屑空间和拉刀强度的检验。

③ 对难加工材料，可采取适当的热处理，改善材料的加工性。

④ 保管、运输拉刀时，防止拉刀弯曲变形和碰坏刀齿。

(2) 拉削表面有缺陷。

拉削后表面会产生鳞刺、纵向划痕、压痕、环状波纹等缺陷，这是影响拉削表面质量的常见问题。其产生原因很多，主要有刃口微小崩裂、刃口钝化、刃口存在粘屑、刀齿刃带过宽且宽度不均、后面磨损严重、前角太大或太小、各齿角度不等、拉削时产生震动等。

消除拉削缺陷、提高拉削表面质量的途径有：

① 提高刀齿刃磨质量。保持刀齿刃口的锋利性、防止微裂纹产生，使各齿前角、刃带宽保持一致。

② 保持稳定的拉削。增加同时工作齿数，减小精切齿和校准齿距或做成不等分布齿距，提高拉削系统的刚度。

③ 合理选用拉削速度。拉削速度是影响拉削表面质量、拉刀磨损和拉削效率的重要因素。图 3.28 所示为拉削速度与表面粗糙度的关系。以拉削 45# 钢为例，由于积屑瘤的影响，$v_c < 3$ m/min 时，拉削表面粗糙度值减小；$v_c \approx 10$ m/min 时，拉削表面粗糙度值增大；$v_c > 20$ m/min 时，拉削表面质量高。资料表明：$v_c = 20 \sim 40$ m/min 时，可获得很小的表面粗糙度值，且提高了拉刀寿命。高速拉削除提高拉削表面质量外，对于拉床结构的改进和拉刀材料的发展均有较大促进作用，我国生产的 L6150 拉床，速度达到了 45 m/min。

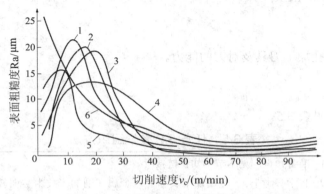

1、2、3、5—耐热钢；4—碳钢；6—轴承钢

图 3.28　拉削速度与表面粗糙度的关系

在汽车制造业中普遍使用硬质合金拉刀。国外常采用氮化钛镀层拉刀、激光强化高速钢拉刀，它们对减少拉刀磨损、改善拉削表面质量和提高拉削效率均有明显效果。

④ 合理选用切削液。拉削碳素钢、合金钢材料时，选用极压乳化液、硫化油和加极压添加剂的切削液，对提高拉刀寿命、减小拉削表面粗糙度均有良好作用。

(3) 拉刀重磨质量差。

在拉削时，当出现达不到加工质量要求、拉刀后面磨损量 $V_B \geqslant 0.3$ mm、切削刃局部崩刃长 $\Delta L \geqslant 0.1$ mm 等的情况时，均应对拉刀进行重磨。

拉刀重磨是在拉刀磨床上沿着拉刀前面进行的。通常采用圆周磨法，砂轮与拉刀绕各自轴线转动，利用砂轮周边与槽底圆弧接点接触进行磨削。砂轮、拉刀间的轴线呈 35°～55°，砂轮锥面与前面夹角呈 5°～15°，且要求砂轮和拉刀的轴线保持在同一垂直平面内。选用碟形砂轮时，磨料为白刚玉或铬刚玉，砂轮直径不宜太大，以防止对槽底产生过切现象，通常直径经计算求得。磨削时每次切深量为 0.005～0.008 mm，并进行 3～4 次清磨，每磨一齿需修正砂轮一次。通常可通过观察拉刀前面上磨削轨迹的对称性来识别和控制重磨质量。目前生产中选用的 CBN 砂轮和刚玉砂轮能明显地提高重磨质量和磨削效率。

任务 3.2　安装麻花钻、调整钻床并对刀

【任务描述】

安装麻花钻、调整钻床并对刀。

【知识目标】

(1) 掌握调整机床、安装孔加工刀具(麻花钻)的操作知识。
(2) 掌握对刀的方法及步骤。

【能力目标】

具备准确安装孔加工刀具及对刀的能力。

【教学组织方法】

教学组织方法见表 3.5。

表 3.5　任务 3.2 教学组织方法

资　　讯	1. 准备知识：见本节"知识链接"； 2. 教学参考书：《金属加工实训》、《金属切削加工技术实训教程》、《金属切削原理与刀具》、《机械加工设备》； 3. 讲解知识要点、观看实物、讲解案例、观看视频、参观工厂
计划与决策	1. 分组讨论，明确任务要求； 2. 编写任务实施计划和实施方案； 3. 讨论、分析实施计划的可行性(教师参与)，确定可行的实施计划和方案； 4. 按计划分配任务到每一个人
实施与检查	分组，按实施方案及计划步骤熟悉安装麻花钻、调整钻床并对刀的方法和步骤(教师指导)
评　　估	1. 安装麻花钻的熟练程度； 2. 调整钻床的熟练程度； 3. 对刀方法的掌握程度

【教学过程】

3.2.1　资讯

(1) 明确任务要求：安装直柄麻花钻并完成对刀。
(2) 知识准备：麻花钻安装安全操作规范、安装步骤、精度检测与注意事项。

(3) 教学参考书:《金属加工实训》、《金属切削原理与刀具实训教程》、《金属切削原理与刀具》、《机械加工设备》。

(4) 讲解知识要点、现场操作、讲解案例、观看视频、参观工厂。

3.2.2 计划与决策

1. 计划
(1) 学生分组讨论,明确任务要求。
(2) 每组制订麻花钻安装、精度检测与对刀操作的实施方案。

2. 决策
确定直柄麻花钻安装、精度检测与对刀操作的实施方案:安装直柄麻花钻→检测安装精度→调整钻床并对刀。

3.2.3 任务实施

1. 安装直柄麻花钻
(1) 先选择一个合适的钻夹头(4 号莫氏锥体),由于此钻夹头锥体的锥度与 Z3040 钻床的主轴锥孔锥度一致,因此将钻夹头直接装入钻床主轴孔内并紧固。

(2) 由于 $\phi 14$ 麻花钻的柄部为圆柱体,而 Z3040 钻床的主轴孔是 4 号莫氏锥孔,因此钻头不能直接装到钻床的主轴上,应先将钻头安装到钻夹头内并旋紧套筒。

2. 检测安装精度
在加工精度要求不太高的情况下,目测检查钻头的圆周跳动。

3. 调整钻床并对刀
(1) 启动钻床,调整转速至合适的范围。
(2) 孔径尺寸由钻头直接保证。
(3) 此零件为批量生产,因此孔位置尺寸由钻床夹具导引钻点保证。

3.2.4 检查与考评

1. 检查
(1) 学生自行检查工作任务的完成情况。
(2) 小组间互查,进行方案的技术性、经济性和可行性分析。
(3) 教师专查,进行点评,组织方案讨论。
(4) 针对问题进行修改,确定最优方案。
(5) 整理相关资料,归档。

2. 考评
考核评价按表 3.6 中的项目和评分标准进行。

表 3.6　任务 3.2 考核评价表

序号	考核评价项目		考核内容	学生自检	小组互检	教师终检	配分	成绩
1	过程考核	专业能力	相关知识点的学习				50	
			能正确安装麻花钻					
			能调整钻床并对刀					
2		方法能力	信息搜集、自主学习、分析解决问题、归纳总结及创新能力				10	
3		社会能力	团队协作、沟通协调、语言表达能力及安全文明、质量保障意识				10	
4	常规考核		自学笔记				10	
5			课堂纪律				10	
6			回答问题				10	

【知识链接】

3.2.5　钻床

钻床是孔加工用机床，主要用来加工外形较复杂、没有对称回转轴线的工件上的孔，如箱体、机架等零件上的各种孔。在钻床上加工时，工件不动，刀具作旋转主运动，同时沿轴向移动，作进给运动。钻床可完成钻孔、扩孔、铰孔、刮平面以及攻螺纹等工作。钻床的主参数是最大钻孔直径。

钻床可分为立式钻床、摇臂钻床、深孔钻床、台式钻床等。

1. 立式钻床

立式钻床是钻床中应用较广的一种，其特点为主轴轴线垂直布置，而且其位置是固定的。加工时，为使刀具旋转中心与被加工孔的中心线重和，必须移动工件(相当于调整坐标位置)，因此立式钻床只适于加工中小型工件上的孔。

图 3.29 所示为方柱立式钻床的外形图。主轴箱 3 中装有主运动和进给运动变速传动机构、主轴部件以及操纵机构等。加工时，主轴箱固定不动，而由主轴随同主轴套筒在主轴箱中作直线移动来实现进给运动。利用装在主轴箱上的进给操纵机构 5，可以使主轴实现手动快速升降、手动进给和接通、断开机动进给。被加工工件直接或通过夹具安装在工作台 1 上。工作台和主轴箱都装在方形立柱 4 的垂直导轨上，并可上下调整位置，以适应加工不同高度的工件。

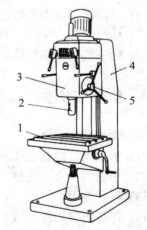

1—工作台；2—主轴；3—主轴箱；
4—立柱；5—进给操纵机构

图 3.29　方柱立式钻床

2. 摇臂钻床

由于大而重的工件移动费力，找正困难，加工时希望工件固定，主轴可调整坐标位置，因而产生了摇臂钻床(见图 3.30)。

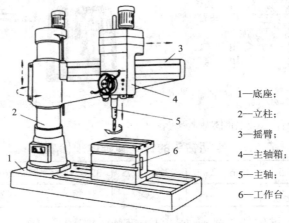

1—底座；

2—立柱；

3—摇臂；

4—主轴箱；

5—主轴；

6—工作台

图 3.30　摇臂钻床

摇臂钻床的主轴箱 4 装在摇臂 3 上，可沿摇臂上导轨作水平移动，而摇臂 3 又可绕立柱 2 的轴线转动，因而可以方便地调整主轴的坐标位置，使主轴旋转轴线与被加工孔的中心线重和；摇臂还可以沿立柱升降，以适应对不同高度工件进行加工的需要。为使机床在加工时有足够刚度，并使主轴调整好的位置保持不变，机床设有立柱、摇臂及主轴箱的夹紧机构，当主轴的位置调整妥当后，可以快速地将它们夹紧。摇臂钻床的传动原理与立式钻床相同。

3. 深孔钻床

深孔钻床是专门用于加工深孔的专门化钻床，例如加工枪管、炮管和机床主轴零件的深孔。这种机床加工的孔较深。为了减少孔中心线的偏斜，加工时通常是由工件转动来实现主运动，深孔钻头并不转动而只作直线的进给运动。此外，由于被加工孔较深而且工件往往又较长，为了便于排屑及避免机床过于高大，深孔钻床通常为卧式布局，外形与卧式车床类似。深孔钻床的钻头中心有孔，从中打入高压切削液强制冷却及周期退刀排屑。深孔钻床的主参数是最大钻孔深度。

3.2.6　钻头的装夹

1. 钻夹头

钻夹头是用来夹持尾部为圆柱体钻头的夹具，如图 3.31 所示。它在夹头的三个斜孔内装有带螺纹的夹爪，夹爪螺纹和装在夹头套筒的螺纹相啮合，旋转套筒使三个爪同时张开或合拢，将钻头夹住或卸下。

2. 钻夹套和楔铁

钻夹套是用来装夹圆锥柄钻头的夹具。由于钻头或钻夹头尾锥尺寸大小不同，为了适应钻床的主轴锥孔，常常用锥体钻夹套进行过渡连接。套筒是以莫氏锥度为标准的，它是由不同尺寸组成的。楔铁是用来从钻套中卸下钻头的工具。钻夹套和楔铁如图 3.32 所示。

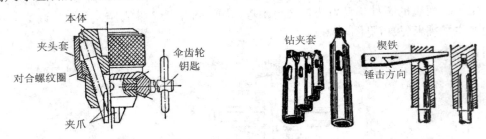

图 3.31　钻夹头　　　　　　　　　图 3.32　钻夹套和楔铁

对于锥柄钻头的钻尾，其圆锥体规格见表 3.7。

表 3.7　锥柄钻头的钻尾圆锥体规格表

钻头直径/mm	6～15.5	15.6～23.5	23.6～32.5	32.6～49.5	49.6～65	68～80
莫氏圆锥号	1	2	3	4	5	6

一般立钻主轴的孔内锥体是 3 号或 4 号莫氏锥体，摇臂钻主轴的孔内锥体是 5 号或 6 号莫氏锥体。如果将较小直径的钻头装入钻床主轴上，需要用过渡钻夹套。钻夹套的规格见表 3.8。

表 3.8　钻夹套规格表

莫氏圆锥号		全　长 /mm	外锥体大端直径 /mm	内锥体大端直径 /mm
外锥	内锥			
1	0	80	12.963	9.046
2	1	95	18.805	12.065
3	1	115	24.906	12.065
3	2	115	24.906	17.781
4	2	140	32.427	17.781
4	3	140	32.427	23.826
5	3	170	45.495	23.826
5	4	170	45.495	31.296
6	4	220	63.892	31.296
6	5	220	63.892	44.401

任务 3.3　钻削箱体孔

【任务描述】

钻削动力换挡变速器箱体孔。

【知识目标】

(1) 了解钻、镗床及钻、镗削运动。

(2) 选择夹具，安装好工件。

(3) 选择钻头和镗刀，安装刀具并准确对刀。

(4) 选用合理的钻、镗削用量。

(5) 钻、镗削箱体孔。

【能力目标】

(1) 能正确选择孔加工机床并安装工件。

(2) 能选择孔加工刀具，安装刀具并准确对刀。

(3) 选用钻削用量。

(4) 能钻削箱体孔并检验。

【教学组织方法】

教学组织方法见表 3.9。

表 3.9   任务 3.3 教学组织方法

资　　讯	1. 准备知识：见本节"知识链接"； 2. 教学参考书：《金属加工实训》、《公差配合与技术测量》、《机械加工设备》； 3. 讲解知识要点、观看实物、讲解案例、观看视频、参观工厂
计划与决策	1. 分组讨论，明确任务要求； 2. 编写任务实施计划和实施方案； 3. 讨论、分析实施计划的可行性(教师参与)，确定可行的实施计划和方案； 4. 按计划分配任务到每一个人
实施与检查	分组，按实施方案及计划步骤练习钻削箱体孔(教师指导)
评　　估	1. 钻削箱体孔的熟练程度； 2. 加工后孔的精度

【教学过程】

3.3.1   资讯

(1) 明确任务要求：材料 HT200(灰口铸铁)，中批量生产，要求钻削 2-ϕ14 孔。

(2) 知识准备：钻床安全操作规程；钻床调整方法及钻削运动；工件装夹方式；钻孔具体操作步骤及注意事项。

(3) 教学参考书：《金属加工实训》、《公差配合与技术测量》、《机械加工设备》。

(4) 讲解知识要点、现场操作、讲解案例、观看视频、参观工厂。

3.3.2　计划与决策

1. 计划

(1) 学生分组讨论，明确任务要求。

(2) 每组制订钻削 $2-\phi14$ 孔的多种实施方案。

2. 决策

确定一种钻削 $2-\phi14$ 孔的实施方案：钻削加工 $2-\phi14$ 孔。

3.3.3　任务实施

1. 选用合理的切削用量

切削用量的选择主要受到钻床功率、钻头强度、工艺系统刚度等因素的影响。选择切削用量的基本原则是：在允许的范围内，尽量先选较大的进给量，当进给量受孔表面粗糙度和钻头刚度的限制时，再考虑较大的切削速度。具体选择时应查阅《切削用量手册》等资料，查阅后确定 $v_c = 22$ m/min，$f = 0.1$ mm/r，$a_p = 7$ mm，具体见表3.10。

表 3.10　$\phi40^{+0.039}_{0}$ 和 $2-\phi14$ 切削用量选择表

加工内容	加工方法	切削用量			备注
		v_c(m/min)	f / (mm/r)	a_p / mm	
钻 $2-\phi14$ 孔	钻	22	0.1	7	
粗镗 $\phi39.4$ 孔	镗	50	0.5	2	
半精镗 $\phi39.8$ 孔	镗	70	0.3	0.4	
精镗 $\phi40$ 孔	镗	80	0.2	0.2	

2. 工件的装夹

在批量生产中广泛应用钻模夹具，以提高生产率。应用钻模装夹工件进行钻孔时，可免去划线工作，不仅可以提高生产率，而且钻孔精度可提高一级，加工表面粗糙度值也有所减小。

3. 试钻

开始钻孔时，应该先试钻，即用钻头尖对准孔中心处钻一浅坑(约占孔径的 1/4 左右)，检查其中心偏位，如有偏位应及时进行纠正。批量生产时，无需试钻，采用调整法对刀(用专用夹具上的导引元件进行对刀)，首件钻出的孔应全面检查其尺寸和形位精度是否符合工序要求，然后再进行批量加工。

4. 正式钻孔

当试钻达到钻孔位置要求后，即可夹紧工件完成钻孔。手动进给时，进给量不应过大，以免使钻头产生弯曲，或造成钻孔轴线歪斜。

3.3.4　检查与考评

1．检查

(1) 学生自行检查工作任务的完成情况。

(2) 小组间互查。

(3) 教师专查，进行点评，组织方案讨论。

(4) 填写项目报告。

2．考评

考核评价按表 3.11 中的项目和评分标准进行。

表 3.11　任务 3.3 考核评价表

序号	考核评价项目		考核内容	学生自检	小组互检	教师终检	配分	成绩
1	过程考核	专业能力	相关知识点的学习				50	
			正确选择刀具					
			能正确选择切削用量					
			能钻削箱体孔					
2		方法能力	信息搜集、自主学习、分析解决问题、归纳总结及创新能力				10	
3		社会能力	团队协作、沟通协调、语言表达能力及安全文明、质量保障意识				10	
4	常规考核		自学笔记				10	
5			课堂纪律				10	
6			回答问题				10	

【知识链接】

3.3.5　钻削用量与切削层参数

　　钻削用量和切削层参数如图 3.33 所示。钻削用量包括背吃刀量(钻削深度)a_p、进给量 f_z、切削速度 v_c 三要素，由于钻头有两条主切削刃，所以

钻削深度(单位为 mm)：

$$a_p = \frac{d}{2}$$

每刃进给量(单位为 mm/z)：

$$f_z = \frac{f}{2}$$

钻削速度(单位为 m/min)：

$$v_c = \frac{\pi d n}{1000}$$

钻孔时切削层参数包括：

钻削厚度(单位为 mm)：

$$h_D = \frac{f \sin \varphi}{2}$$

钻削宽度(单位为 mm)：

$$b_D = \frac{d}{2 \sin \varphi}$$

每刃切削层公称横截面积(单位为 mm²)：

$$A_D = \frac{df}{4}$$

材料切除率(单位为 mm³/min)：

$$Q = \frac{\pi d^2 fn}{4} \approx 250 \, v_c df$$

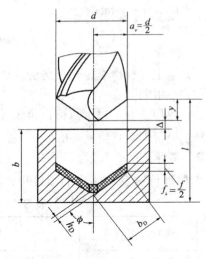

图 3.33　钻削用量与切削层参数

3.3.6　钻削过程与钻削力

1. 钻削变形特点与切屑形状

钻削过程的变形规律与车削相似。但钻孔是在半封闭的空间内进行的，横刃的切削角度又不甚合理，使得钻削变形更为复杂，主要表现在以下几点：

(1) 钻芯处切削刃前角为负，特别是横刃，切削时产生刮削挤压，切屑呈粒状并被压碎。钻芯处直径几乎为零，切削速度也为零，但仍有进给运动，使得钻芯横刃处工作后角为负，相当于用楔角为 $\beta_{o\varphi}$ 的凿子劈入工件，称做楔劈挤压。这是导致钻削轴向力增大的主要原因。

(2) 主切削刃各点前角、刃倾角不同，使切屑变形、卷曲、流向也不同。又因排屑受到螺旋槽的影响。切削塑性材料时，切屑卷成圆锥螺旋形，断屑比较困难。

(3) 钻头刃带无后角，与孔壁摩擦。加工塑性材料时易产生积屑瘤，易粘在刃带上影响钻孔质量。

2. 钻削力

钻头每一个切削刃都产生切削力，包括切向力(主切削力)、背向力(径向力)和进给力(轴向力)。当左右切削刃对称时，背向力抵消，最终构成对钻头影响的是进给力 F_f 与切削扭矩 M_c，如图 3.34 所示。

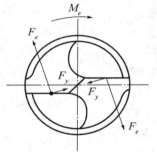

图 3.34　钻削力

通过钻削实验，测量钻削力，可知影响钻削力的因素与规律。钻头各切削刃上产生切削力的比例大致如表 3.12 所示。

表 3.12 钻削力的分配

切削力	主切削刃	横刃	刃带
进给力	40%	57%	3%
扭矩	80%	8%	12%

选取不同的材料，在固定的钻削条件下，变化切削用量，测出进给抗力与扭矩。经过数据回归处理以后，可得钻削力的实验公式如下：

进给力(单位为 N)为

$$F_f = C_{F_f} d^{z_{F_f}} f^{y_{F_f}} K_{F_f} \tag{3.1}$$

扭矩(单位为 N·m)为

$$M_c = C_{M_c} d^{z_{M_c}} f^{y_{M_c}} K_{M_c} \tag{3.2}$$

式(3.1)和式(3.2)中的系数和指数见表 3.13。修正系数 K 可参考有关资料。

表 3.13 钻削时轴向力、扭矩及功率的计算公式

名 称	进给力/N	扭矩/(N·m)	功率/kW
计算公式	$F_f = C_{F_f} d^{z_{F_f}} f^{y_{F_f}} K_{F_f}$	$M_c = C_{M_c} d^{z_{M_c}} f^{y_{M_c}} K_{M_c}$	$P_c = \dfrac{M_c v_c}{30d}$

加工材料	刀具材料	C_{F_f}	z_{F_f}	y_{F_f}	C_{M_c}	z_{M_c}	y_{M_c}
钢，$\sigma_b = 650$ MPa	高速钢	600	1.0	0.7	0.305	2.0	0.8
不锈钢 1Cr18Ni9Ti	高速钢	1400	1.0	0.7	0.402	2.0	0.7
灰铸铁，硬度 190HBS	高速钢	420	1.0	0.8	0.206	2.0	0.8
	硬质合金	410	1.2	0.75	0.117	2.2	0.8
可锻铸铁，硬度 150HBS	高速钢	425	1.0	0.8	0.206	2.0	0.8
	硬质合金	320	1.2	0.75	0.098	2.2	0.8
中等硬度非均质铜合金，硬度 100～140 HBS	高速钢	310	1.0	0.8	0.117	2.0	0.8

注：用硬质合金钻头钻削未淬硬的结构碳钢、铬钢及镍铬钢时，轴向力及扭矩可按下列公式计算：

$$F_f = 3.48 d^{1.4} f^{0.8} \sigma_b^{0.75}; \quad M_c = 5.87 d^2 f \sigma_b^{0.7}$$

由式(3.2)计算出扭矩后，可计算出消耗切削功率(单位为 kW)P_c 为

$$P_c = \frac{M_c v_c}{30d} \tag{3.3}$$

式中：M_c——切削扭矩(单位为 N·m)；

　　　v_c——切削速度(单位为 m/min)。

3.3.7　钻削用量的选择

1．钻头直径

钻头直径应由工艺尺寸决定，尽可能一次钻出所要求的孔。当机床性能不能胜任时，才采用先钻孔再扩孔的工艺。需扩孔者，钻孔直径取孔径的 50%～70%。

合理刃磨与修磨，可有效地降低进给力，扩大机床钻孔直径的范围。

2．进给量

一般钻头的进给量受钻头的刚性与强度限制。大直径钻头的进给量才受机床进给机构动力与工艺系统刚性的限制。

普通钻头的进给量可按以下经验公式估算：

$$f = (0.01\sim0.02)d \tag{3.4}$$

合理修磨的钻头可选用 $f = 0.03d$。直径小于 3～5 mm 的钻头常用手动进给。

3．钻削速度

高速钢钻头的切削速度可按表 3.14 中的数值选用，也可参考有关手册、资料选取。

表 3.14　高速钢钻头的切削速度

加工材料	低碳钢	中高碳钢	合金钢不锈钢	铸铁	铝合金	铜合金
钻削速度 v_c/(m·min^{-1})	25～30	20～25	15～20	20～25	40～70	20～40

3.3.8　钻孔加工

1．钻孔的操作方法

工件上的孔径圆及检查圆均需打上样冲眼作为加工界线，中心眼应打大些，如图 3.35 所示。钻孔时先用钻头在孔的中心锪一小窝(约占孔径的 1/4)，检查小窝与所画圆是否同心。如稍有偏离，可用样冲将中心冲大矫正或移动工件矫正。如偏离较多，可用窄錾在偏斜相反方向凿几条槽再钻，便可以逐渐将偏斜部分矫正过来，如图 3.36 所示。

钻通孔时，工件下面应放垫铁，或把钻头对准工作台空槽。在孔将被钻透时，进给量要小，变自动进给为手动进给，避免钻头在钻穿的瞬间抖动，出现"啃刀"现象，影响加工质量，损坏钻头，甚至发生事故。

钻盲孔时，要注意掌握钻孔深度。控制钻孔深度的方法有：调整好钻床上深度标尺挡块；安置控制长度的量具或用划线做记号。

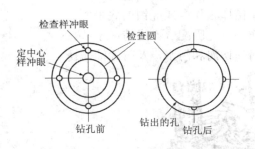

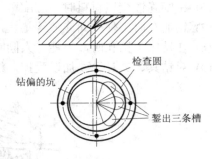

图 3.35 钻孔前的准备　　　　　　图 3.36 钻偏时錾槽校正

钻深孔时，要经常退出钻头及时排屑和冷却，否则易造成切屑堵塞或使钻头切削部分过热磨损、折断。

钻大孔时，直径 D 超过 30 mm 的孔应分两次钻。第一次用 $(0.5\sim0.7)D$ 的钻头先钻，再用所需直径的钻头将孔扩大。这样，既利于钻头负荷分担，也有利于提高钻孔质量。

最大的困难是"偏切削"，切削刃上的径向抗力使钻头轴线偏斜，不但无法保证孔的位置，而且容易折断钻头，对此一般采取平顶钻头(见图 3.37(a))，由钻芯部分先切入工件，而后逐渐钻进。图 3.37(b)为一种多级平顶钻头。

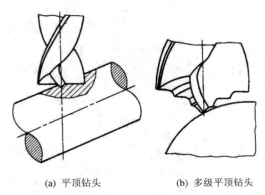

(a) 平顶钻头　　　　(b) 多级平顶钻头

图 3.37 在斜面上钻孔

钻削钢件时，为降低表面粗糙度多使用机油作为冷却润滑油，为提高生产率则多使用乳化液。钻削铝件时，多用乳化液、煤油作为切削液。钻削铸铁件时，用煤油作为切削液。

2. 钻孔安全技术

(1) 做好钻孔前的准备工作，认真检查钻孔机具，工作现场要保持整洁，安全防护装置要妥当。

(2) 操作者衣袖要扎紧，严禁戴手套。头部不要靠钻头太近，女同志必须带工作帽，防止发生事故。

(3) 工件夹持要牢固，一般不可用手直接拿工件钻孔，防止发生事故，如图 3.38 所示。

(4) 钻孔过程中，严禁用棉纱擦拭切屑或用嘴吹切屑，更不能用手直接清除切屑，应该用刷子或铁钩子清理。高速钻削要及时断屑，以防止发生人身和设备事故。

(5) 严禁在开车状况下装卸钻头和工件。检验工件和变换转速必须在停车状况下进行。

(6) 钻削脆性金属材料时，应配戴防护眼镜，以防切屑飞出伤人。

(7) 钻通孔时工件底面应放置垫块，防止钻坏工作台或虎钳的底平面。

(8) 在钻床上钻孔时，不能二人同时操作，以免因配合不当造成事故。

(9) 对钻具、夹具等要加以爱护，经常清理切屑和污水，及时涂油防锈。

图 3.38　工件旋转造成事故

3. 钻孔

具体加工过程见 1.5.13 小节和 1.5.14 小节。

项目 4　滚削圆柱齿轮

【项目录入】

工作对象：图 4.1 所示为圆柱齿轮零件图，中批量生产。

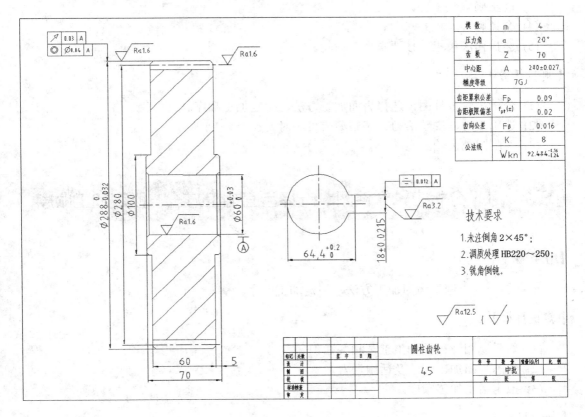

模数	m	4
压力角	α	20°
齿数	Z	70
中心距	A	280±0.027
精度等级		7GJ
齿距累积公差	Fp	0.09
齿距极限偏差	$f_{pt}(\pm)$	0.02
齿向公差	Fβ	0.016
公法线	K	8
	Wkn	$92.484^{-1.16}_{-1.24}$

技术要求

1. 未注倒角 2×45°；
2. 调质处理 HB220～250；
3. 锐角倒钝。

图 4.1　圆柱齿轮零件图

齿轮类零件是机器中的主要零件之一，在现代机器和仪器中的应用极为广泛，其功用是按规定的转速比传递运动和动力，齿轮由于使用要求不同而具有不同的形状，但从工艺角度可将齿轮看成是由齿圈和轮体两部分构成的。通过本项目的学习，使学生掌握齿轮加工知识和技能。

【知识目标】

    (1) 熟悉制图及机械加工工艺相关知识。

    (2) 熟悉齿轮加工机床的切削运动及切削原理。

    (3) 熟悉滚刀的选用及安装。

    (4) 熟悉工件的安装。

    (5) 熟悉滚齿机的调整、对刀步骤及注意事项。

    (6) 熟悉齿轮加工的操作步骤。

【能力目标】

    (1) 会分析齿轮零件图，选择齿面加工方法、拟定齿轮加工顺序。

    (2) 能正确选用及安装滚刀。

    (3) 能正确安装工件。

    (4) 会调整滚齿机并对刀。

    (5) 会操作滚齿机并按要求加工齿轮。

【项目任务】

    (1) 分析齿轮零件图，选择齿面加工方法、拟定加工顺序。

    (2) 选用滚刀、安装滚刀、调整滚齿机并对刀。

    (3) 滚削圆柱齿轮。

任务 4.1　分析齿轮零件图，选择齿面加工方法，拟定加工顺序

【任务描述】

    根据加工要求选择齿面加工方法，拟定加工顺序。

【知识目标】

    (1) 熟悉制图及机械加工工艺相关知识。

    (2) 熟悉齿面加工方法及适用场合。

    (3) 拟定齿轮加工顺序。

【能力目标】

    会分析齿轮零件图，会选择齿面加工方法、拟定加工顺序。

【教学组织方法】

    教学组织方法见表 4.1。

表 4.1 任务 4.1 教学组织方法

资　讯	1. 准备知识：齿轮加工工艺、齿面加工方法； 2. 教学参考书：《机械制造工艺学》、《机械制造技术实训教程》、《公差配合与技术测量》； 3. 讲解知识要点、讲解案例
计划与决策	1. 分组讨论，明确任务要求； 2. 编写任务实施计划和实施方案； 3. 讨论、分析实施计划的可行性(教师参与)，确定可行的实施计划和方案； 4. 按计划分配任务到每一个人
实施与检查	分组，按实施方案及计划步骤选择齿面加工方法、拟定加工顺序(教师指导)
评　　估	1. 齿面加工方法选择的正确性； 2. 齿轮加工顺序安排的合理性

【教学过程】

4.1.1　资讯

(1) 明确任务要求：根据齿轮零件图，确定齿面加工方法，拟定齿轮加工顺序。

(2) 知识准备：齿轮加工工艺、齿面加工方法。

(3) 教学参考书：《机械制造工艺学》、《机械制造技术实训教程》、《公差配合与技术测量》。

(4) 讲解知识要点、讲解案例。

4.1.2　计划与决策

1. 计划

(1) 学生分组讨论，明确任务要求。

(2) 每组确定齿面加工方法、加工顺序的多种方案。

2. 决策

确定最佳齿面加工方法和加工顺序的实施方案：分析齿轮零件图→确定齿面加工方法→确定齿轮加工顺序。

4.1.3　任务实施

1. 分析齿轮零件图

该齿轮材料为 45# 钢，调质 HB220～250，中批量生产。

(1) 尺寸精度分析。

$\phi 288_{-0.032}^{0}$ (IT6)，　$\phi 60_{0}^{+0.03}$ (IT7)，键槽宽 $18_{-0.0215}^{+0.0215}$ (IT9)，键槽深 $64.4_{0}^{+0.2}$ (IT11)，其余尺

寸为自由公差。

(2) 形位精度分析。

$\phi 288_{-0.032}^{0}$ 外圆对 $\phi 60_{0}^{+0.03}$ 内孔的同轴度公差为 $\phi 0.04$；$\phi 288_{-0.032}^{0}$ 外圆对 $\phi 60_{0}^{+0.03}$ 内孔的跳动公差为 0.04。

(3) 表面粗糙度分析。

$\phi 60_{0}^{+0.03}$ 内孔表面 Ra 1.6 μm；齿顶圆 $\phi 288_{-0.032}^{0}$ 和分度圆 $\phi 280$ 表面 Ra 1.6 μm；其余表面 Ra 12.5 μm。

2．确定齿面加工方法

齿轮齿面的加工要求为 Ra 1.6 μm，齿轮精度等级 7 级，且为中批量生产，根据各类齿面加工方法的特点和适用场合，最终选择滚齿和剃齿。

3．确定齿轮加工顺序

下料→锻造→正火→粗车→调质→半精车→滚齿→拉键槽→钻孔→磨外圆和孔→剃齿→成品。

4.1.4　检查与考评

1．检查

(1) 检查齿面加工方法选择的正确性。

(2) 检查齿轮加工顺序安排的合理性。

2．考评

考核评价按表 4.2 中的项目和评分标准进行。

表 4.2　任务 4.1 考核评价表

序号	考核评价项目		考核内容	学生自检	小组互检	教师终检	配分	成绩
1	过程考核	专业能力	齿轮零件分析				50	
			确定齿面加工方法					
			拟定齿轮加工顺序					
2		方法能力	信息搜集、自主学习、分析解决问题、归纳总结及创新能力				10	
3		社会能力	团队协作、沟通协调、语言表达能力及安全文明、质量保障意识				10	
4	常规考核		自学笔记				10	
5			课堂纪律				10	
6			回答问题				10	

【知识链接】

4.1.5　圆柱齿轮概述

1．功用与结构特点

圆柱齿轮是机械中应用最广泛的零件之一,其功用是按规定的转速比传递运动和动力。圆柱齿轮的结构根据使用要求不同而具有各种不同的形状,但从工艺角度可将齿轮看成是由齿圈和轮体两部分构成的,常用圆柱齿轮的结构形式如图 4.2 所示。

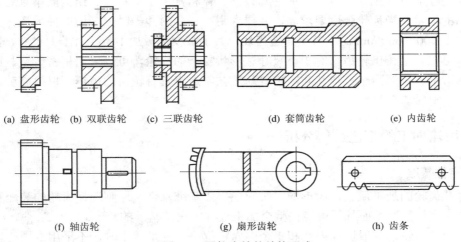

(a) 盘形齿轮　(b) 双联齿轮　(c) 三联齿轮　　　(d) 套筒齿轮　　　(e) 内齿轮

(f) 轴齿轮　　　　　　(g) 扇形齿轮　　　　　　(h) 齿条

图 4.2　圆柱齿轮的结构形式

2．齿轮的主要技术要求

(1) 齿轮的回转精度要求齿轮本身的制造精度较高,这对整个机器的工作性能、承载能力及使用寿命都有很大的影响。

(2) 齿坯的内孔(或轴颈)、端面(有时还有顶圆)常被用作齿轮加工、检验和安装的基准,所以齿坯的加工精度对齿轮加工和回转精度均有较大的影响。齿坯的主要技术要求包括基准孔(或轴)的直径公差和基准端面的端面跳动。标准规定了对应于不同齿轮精度等级的齿坯公差等级和公差值。

4.1.6　齿轮材料、热处理与毛坯

1．齿轮材料

齿轮应按照使用时的工作条件选用合适的材料。一般来说,对于低速重载的传力齿轮,齿面受压会产生塑性变形和磨损,且轮齿易折断。应选用机械强度、硬度等综合力学性能较好的材料,如 18CrMnTi;对于线速度高的传力齿轮,齿面容易产生疲劳点蚀,所以齿面应有较高的硬度,可用 38CrMoAlA 氮化钢;对于承受冲击载荷的传力齿轮,应选用韧性好的材料,如低碳合金钢 18CrMnTi;非传力齿轮可以选用不淬火钢、铸铁及夹布胶木、尼龙等非金属材料;一般用途的齿轮均用 45# 钢等中碳结构钢和低碳结构钢,如 20Cr、40Cr、

20CrMnTi 等制成。

2. 齿轮的热处理

在齿轮加工中根据不同的目的，可安排两类热处理工序。

第一类：毛坯热处理。在齿坯加工前后安排预备热处理(正火或调质)。其主要目的是消除锻造及粗加工所引起的残余应力，改善材料的切削性能，提高材料的综合力学性能。

第二类：齿面热处理。齿形加工完毕后，为提高齿面的硬度和耐磨性，常进行渗碳淬火、高频淬火、碳氮共渗和氮化处理等热处理工序。

3. 齿轮毛坯

齿轮毛坯的形式主要有棒料、锻件和铸件。棒料常用于小尺寸、结构简单且对强度要求不太高的齿轮。当齿轮强度要求高，并要求耐磨损、耐冲击时，多用锻件毛坯。当齿轮的直径大于 400～600 mm 时，常用铸造齿坯。为了减少机械加工量，对于大尺寸、低精度的齿轮，可以直接铸出轮齿；对于小尺寸、形状复杂的齿轮，可以采用精密铸造、压力铸造、精密锻造、粉末冶金、热轧和冷挤等新工艺制造出具有轮齿的齿坯，以提高劳动生产率，节约原材料。

4.1.7　齿轮加工的工艺过程分析

1. 定位基准

为保证齿轮的加工质量，齿形加工时应根据"基准重合"原则选择齿轮的装配基准和测量基准为定位基准，而且尽可能在整个加工过程中保持基准的统一。

对于带孔齿轮，一般选择内孔和一个端面定位。当批量较小时，不采用专用心轴；以内孔定位时，也可选择外圆作为找正基准，但外圆相对内孔的径向跳动应有严格的要求。

对于直径较小的轴类齿轮，一般选择中心孔定位，但对于直径或模数较大的轴类齿轮，由于自重和切削力较大，不宜再选择中心孔定位，而应多选择轴颈和端面跳动较小的端面定位。

2. 齿坯加工

齿形加工之前的齿轮加工称为齿坯加工，齿坯的内孔(或轴颈)、端面和外圆经常是齿轮加工、测量和装配的基准，齿坯的精度对齿轮的加工精度有着重要的影响。因此，齿坯加工在整个齿轮加工中占有重要的地位。

1) 齿坯的加工精度

在齿坯加工中，主要要求保证的是基准孔(或轴颈)的尺寸精度和形状精度、基准端面相对于基准孔(或轴颈)的位置精度。不同精度的孔(或轴颈)的齿坯尺寸和形状公差如表 4.3 所示。齿坯基准面径向和端面跳动公差如表 4.4 所示。

表 4.3　齿坯尺寸和形状公差

齿轮精度等级	5	6	7	8
孔的尺寸和形状公差	IT5	IT6	IT7	
轴的尺寸和形状公差		IT5		IT6
顶圆直径	IT7		IT8	

表 4.4　齿坯基准面径向和端面跳动公差

分度圆直径/mm	公 差 等 级	
	IT6 和 IT5	IT6 和 IT5
<125	11	18
125~400	14	22
400~800	20	32

2) 齿坯加工方案

齿坯加工方案的选择主要与齿轮的轮体结构、技术要求和生产批量等因素有关。

(1) 中、小批量生产的齿坯加工。中、小批量生产尽量采用通用机床加工。对于圆柱孔齿坯，可采用粗车→精车的加工方案；

① 在卧式车床上粗车齿轮各部分。

② 在一次安装中精车内孔和基准端面，以保证基准端面对内孔的跳动要求。

③ 以内孔在心轴上定位，精车外圆、端面及其他部分。对于花键孔齿坯，采用粗车—拉—精车的加工方案。

(2) 大批量生产的齿坯加工。大批量生产中，无论花键孔或圆柱孔，均采用高生产率的机床(如拉床、多轴自动或多刀半自动车床等)，其加工方案如下：

① 以外圆定位加工端面和孔(留拉削余量)。

② 以端面支承拉孔。

③ 以孔在心轴上定位，在多刀半自动车床上粗车外圆、端面和切槽。

④ 不卸下心轴，在另一台车床上继续精车外圆、端面、切槽和倒角。

3．齿形加工

按照加工原理，齿形加工可分为成形法和展成法。

1) 成形法

成形法加工齿轮所采用的刀具为成形刀具，其切削刃的形状与被切齿轮的齿槽形状相吻合。例如，在铣床上用盘形铣刀或指状铣刀铣削齿轮，在刨床或插床上用成形刀具刨削或插削齿轮等。这种方法的优点是不需要专门的齿轮加工机床，而可以在通用机床(如配有分度装置的铣床)上进行加工。由于轮齿的齿廓为渐开线，其廓形取决于齿轮的基圆直径($d_基 = m_z \cos\alpha$)，故对于同一模数的齿轮，只要齿数不同，其渐开线的齿廓形状就不相同，需采用不同的成形刀具。

2) 展成法

展成法加工齿轮是利用齿轮的啮合原理进行的，即把齿轮啮合副(齿条→齿轮、齿轮→齿轮)中的一个转化为刀具，另一个转化为工件，并强制刀具和工件作严格的啮合运动，在工件上切出齿廓。这种方法的加工精度和生产率一般比较高，因而在齿轮加工机床中的应用最为广泛。

齿形加工方案的选择主要取决于齿轮的精度等级、结构形状、生产类型和齿轮的热处理方法及生产工厂的现有条件，对于不同精度的齿轮，常用的齿面加工方案如下：

(1) 8 级以下精度齿轮。调质齿轮用滚齿或插齿应能满足要求。对于淬硬齿轮可采用滚(插)齿→剃齿或冷挤→齿端加工→淬火→校正孔的加工方案。根据不同的热处理方式，在淬火前齿形加工精度应提高一级。

(2) 6～7 级精度齿轮。对于淬硬齿面的齿轮可采用滚(插)齿→齿端加工→表面淬火→校正基准→磨齿(蜗杆砂轮磨齿)，该方案加工精度稳定；也可采用滚(插)齿→剃齿或冷挤→表面淬火→校正基准→珩齿的加工方案，这种方案加工精度稳定，生产效率高。

(3) 5 级以上精度的齿轮。一般采用粗滚齿→精滚齿→表面淬火→校正基准→粗磨齿→精磨齿的加工方案。大批量生产也可采用粗磨齿→精磨齿→表面淬火→校正基准→磨削的加工方案。这种加工方案加工的齿轮精度可稳定在 5 级以上，且齿面加工纹理十分复杂，噪声极低，是品质极高的齿轮。磨齿是目前齿形加工中精度最高、表面粗糙度参数值最小的加工方法，最高精度可达 3～4 级。

选择齿面加工方案时可参考表 4.5。

表 4.5　圆柱齿轮齿面加工方法和加工精度

类　型	不淬火齿轮					淬火齿轮			
精度等级	3	4	5	6	7	3～4	5	6	7
表面粗糙度 Ra/μm	0.2～0.1	0.4～0.2	0.8～0.4	1.6～0.8		0.4～0.1	0.4～0.2	0.8～0.4	1.6～0.8
滚齿或插齿	○	○	○	○	○	○	○	○	○
剃齿	—	—	—	○	○	—	○	○	—
挤齿	—	—	—	○	—	—	—	○	—
珩齿	—	—	—	—	—	—	○	○	○
粗磨齿	○	○	○	○	○	○	○	—	—
精磨齿	○	○	○	—	—	○	—	—	—

注：○代表可选用的加工方法。

4．齿端加工

齿轮的齿端加工方式有倒圆、倒尖、倒棱和去毛刺，如图 4.3 所示。经倒圆、倒尖、倒棱后的齿轮沿轴向移动时容易进入啮合。其中齿端倒圆的应用最多。图 4.4 所示为用指状铣刀倒圆的原理图。

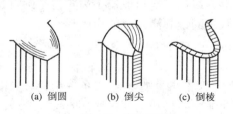

(a) 倒圆　　　(b) 倒尖　　　(c) 倒棱

图 4.3　齿端形状

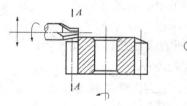

图 4.4　齿端倒圆原理图

5．精基准的修整

齿轮淬火后其内孔常发生变形，孔直径可缩小 0.01～0.05 mm。为保证齿形精加工的质量，必须对基准孔予以修整。修整方法一般采用磨孔或推孔。对于大批量生产的未淬硬的外径定心的花键孔及圆柱孔齿轮，常采用推孔。推孔生产效率高，并可用加长推刀前导引部分来保证推孔的精度。对于以小径定心的花键孔或已淬硬的齿轮，应采用磨孔，可稳定地保证精度。磨孔应以齿面定位，符合互为基准原则。

任务 4.2 选用滚刀、安装滚刀、调整滚齿机并对刀

【任务描述】

能够根据齿轮加工的要求选用滚刀、安装滚刀、调整滚齿机并对刀。

【知识目标】

(1) 熟悉滚刀的选择及安装。
(2) 熟悉滚齿机的调整、对刀步骤及注意事项。

【能力目标】

(1) 能正确选择及安装滚刀。
(2) 会调整滚齿机并对刀。

【教学组织方法】

教学组织方法见表 4.6。

表 4.6 任务 4.2 教学组织方法

资　讯	1. 知识准备：滚刀的分类、原理、结构参数和安装注意事项； 2. 教学参考书：《金属切削原理与刀具》、《金属加工实训》、《金属切削原理与刀具实训教程》； 3. 讲解知识要点、现场操作、观看视频、参观工厂
计划与决策	1. 分组讨论，明确任务要求； 2. 编写任务实施计划和实施方案； 3. 讨论、分析实施计划的可行性(教师参与)，确定可行的实施计划和方案； 4. 按计划分配任务到每一个人
实施与检查	分组，按实施方案及计划步骤进行滚刀选用、滚刀安装、滚齿机调整并对刀(教师指导)
评　估	学生和老师填写考核单，收集任务单，对小组及个人进行综合评价，提出修改意见及注意事项

【知识链接】

4.2.1 资讯

(1) 明确任务要求：选用滚刀、安装滚刀、调整滚齿机并对刀。

　　(2) 知识准备：滚刀的分类、原理、结构参数、安装注意事项，滚齿机的相关知识。

　　(3) 教学参考书：《金属切削原理与刀具》、《金属加工实训》、《金属切削原理与刀具实训教程》。

　　(4) 讲解知识要点、现场操作、观看视频、参观工厂。

4.2.2　计划与决策

1．计划

　　(1) 学生分组讨论，明确任务要求。

　　(2) 每组制订滚刀选用、滚刀安装、滚齿机调整并对刀的多种实施方案。

2．决策

确定滚刀类型和参数，安装滚刀、调整滚齿机并对刀的实施方案：选择滚刀→安装滚刀→调整滚齿机并对刀。

4.2.3　任务实施

1．选择滚刀

　　滚齿属于展成法加工齿轮，是利用齿轮的啮合原理进行的，即把齿轮啮合副中的一个转化为刀具，另一个转化为工件，并强制刀具和工件作严格的啮合运动，故滚刀模数为 4，压力角为 20°。

2．安装滚刀

　　安装滚刀时，要检查刀杆与滚刀的配合，以用手能将滚刀推入刀杆为准。应将刀杆与锥度部分擦干净，装入机床主轴孔内并紧固，不准锤击滚刀，以免刀杆弯曲。加工直齿轮时，安装角等于滚刀的螺纹升角。

3．调整滚齿机并对刀

　　滚刀装好后要对刀，选择试滚法对刀，目测对中，然后开动机床，并径向移动滚刀，在齿坯外圆上切出一圈很浅(<0.1 mm)的刀痕。如果不对称，可以移动刀架主轴的轴向移位手柄进行调整。

4.2.4　检查与考评

1．检查

　　(1) 检查滚刀选用的合理性。

　　(2) 检查滚刀安装的正确性。

　　(3) 检查滚齿机调整的正确性。

　　(4) 检查对刀的准确性。

2．考评

考核评价按表 4.7 中的项目和评分标准进行。

表 4.7   任务 4.2 考核评价表

序号	考核评价项目		考 核 内 容	学生自检	小组互检	教师终检	配分	成绩
1	过程考核	专业能力	根据加工要求选择滚刀				50	
			滚刀安装					
			滚齿机调整并对刀					
2		方法能力	信息搜集、自主学习、分析解决问题、归纳总结及创新能力				10	
3		社会能力	团队协作、沟通协调、语言表达能力及安全文明、质量保障意识				10	
4	常规考核		自学笔记				10	
5			课堂纪律				10	
6			回答问题				10	

【知识链接】

4.2.5   齿轮加工刀具分类

1. 按照齿形的形成原理分类

按照齿形的形成原理，切齿刀具可分为两大类。

1) 成形法切齿刀具

这类刀具的切削刃廓形与被切齿槽形状相同或近似相同。较典型的成形法切齿刀具有两类。

(1) 盘形齿轮铣刀(如图 4.5(a)所示)。它是一把铲齿成形铣刀，可加工直齿、斜齿轮。工作时铣刀旋转并沿齿槽方向进给，铣完一个齿后工件进行分度，再铣第二个齿。盘形齿轮铣刀加工精度不高，效率较低，适合单件小批量生产或修配工作。

(2) 指形齿轮铣刀(如图 4.5(b)所示)。它是一把成形立铣刀，工作时铣刀旋转并进给，工件分度。这种铣刀适合于加工大模数的直齿、斜齿轮，并能加工人字齿轮。

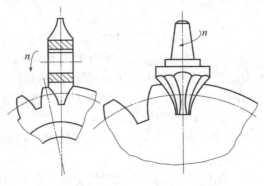

(a) 盘形齿轮铣刀   (b) 指形齿轮铣刀

图 4.5   成形齿轮铣刀

2) 展成法切齿刀具

这类刀具切削刃的廓形不同于被切齿轮任何剖面的槽形。切齿时除主运动外，还需有刀具与齿坯的相对啮合运动，称为展成运动。工件齿形是由刀具齿形在展成运动中若干位置包络切削形成的。

展成切齿法的特点是一把刀具可加工同一模数的任意齿数的齿轮，通过机床传动链的配置实现连续分度，因此刀具通用性较广，加工精度与生产率较高。在成批加工齿轮时被广泛使用。较典型的展成切齿如图 4.6 所示。

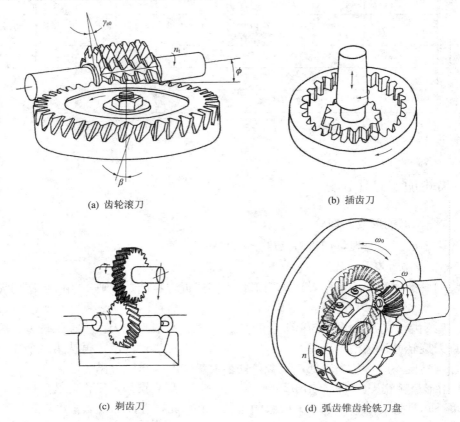

(a) 齿轮滚刀

(b) 插齿刀

(c) 剃齿刀

(d) 弧齿锥齿轮铣刀盘

图 4.6　展成切齿刀具

图 4.6(a)所示为齿轮滚刀的工作情况。滚刀相当于一个开有容屑槽的、有切削刃的蜗杆状的螺旋齿轮。滚刀与齿坯的啮合传动比由滚刀的头数与齿坯的齿数决定，在展成法滚切过程中切出齿轮齿形。滚齿可对直齿或斜齿轮进行粗加工或精加工。

图 4.6(b)所示为插齿刀的工作情况。插齿刀相当于一个有前后角的齿轮。插齿刀与齿坯的啮合传动比由插齿刀的齿数与齿坯的齿数决定，在展成法滚切过程中切出齿轮齿形。插齿刀常用于加工带台阶的齿轮，如双联齿轮、三联齿轮等，特别是能加工内齿轮及无空刀槽的人字齿轮，故在齿轮加工中应用很广。

图 4.6(c)所示为剃齿刀的工作情况。剃齿刀相当于齿侧面开有容屑槽形成切削刃的螺旋齿轮。剃齿时剃齿刀带动齿坯滚转，相当于一对螺旋齿轮的啮合运动。在啮合压力下剃齿刀与齿坯沿齿面的滑动切除齿侧的余量，完成剃齿工作。剃齿刀一般用于 6、7 级精度齿

轮的精加工。

图 4.6(d)所示为弧齿锥齿轮铣刀盘的工作情况。这种铣刀盘是专用于铣切螺旋锥齿轮的刀具。例如加工汽车后桥传动齿轮就必须使用这类刀具。铣刀盘的高速旋转是主运动。刀盘上刀齿回转的轨迹相当于假想平顶齿轮的一个刀齿，这个平顶齿轮由机床摇台带动，与齿坯作展成啮合运动，切出被切齿坯的一个齿槽。然后齿坯退回分齿，摇台反向旋转复位，再展成切削第二个齿槽，依次完成弧齿锥齿轮的铣切工作。

2. 按照被加工齿轮的类型分类

按照被加工齿轮的类型，切齿刀具又可分为以下几类：

(1) 加工渐开线圆柱齿轮的刀具，如滚刀、插齿刀、剃齿刀等。

(2) 加工蜗轮的刀具，如蜗轮滚刀、飞刀、剃刀等。

(3) 加工锥齿轮的刀具，如直齿锥齿轮刨刀、弧齿锥齿轮铣刀盘等。

(4) 加工非渐开线齿形工件的刀具，如摆线齿轮刀具、花键滚刀、链轮滚刀等。这类刀具有的虽然不是切削齿轮，但其齿形的形成原理也属于展成法，所以也归属于切齿刀具类。

4.2.6　齿轮铣刀

齿轮铣刀一般做成盘形，可用于加工模数为 0.3～15 mm 的圆柱齿轮。实质上它是一把铲齿成形铣刀，其廓形由齿轮的模数、齿数和分圆压力角决定。如图 4.7 所示，齿轮的齿数越小，渐开线齿形曲率半径也就越小。齿数多到无穷大时，齿轮变为齿条，齿形变为直线。因此从理论上说，加工任意一种模数、齿数的齿轮都需备用一种刃形的齿轮铣刀来切削。

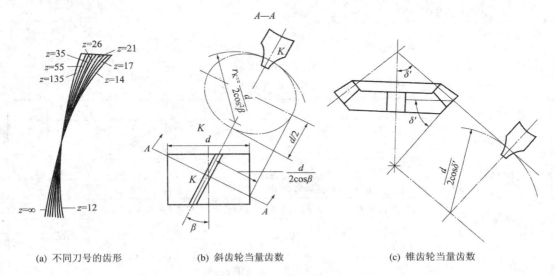

(a) 不同刀号的齿形　　　　(b) 斜齿轮当量齿数　　　　(c) 锥齿轮当量齿数

图 4.7　齿轮铣刀刀号的选择

为减少铣刀的储备，每一种模数的铣刀由 8 或 15 把铣刀组成一套，每一刀号用于加工某一齿数范围的齿轮，详见表 4.8。

表 4.8　齿轮铣刀刀号及其加工齿数

铣　刀　号		1	$1\frac{1}{2}$	2	$2\frac{1}{2}$	3	$3\frac{1}{2}$	4	$4\frac{1}{2}$
加工齿数	$m = 0.3\sim 8$ mm 8 件一套	12～13	—	14～16	—	17～20	—	21～25	
	$m = 9\sim 16$ mm 15 件一套	12	13	14	15～16	17～18	19～20	21～22	23～25
铣　刀　号		5	$5\frac{1}{2}$	6	$6\frac{1}{2}$	7	$7\frac{1}{2}$	8	—
加工齿数	$m = 0.3\sim 8$ mm 8 件一套	26～34	—	35～54	—	55～134	—	≥135	—
	$m = 9\sim 16$ mm 15 件一套	26～29	30～34	35～41	42～54	55～79	80～134	≥135	—

4.2.7　滚刀

1. 滚刀的类型

齿轮滚刀与蜗杆相似，但它开有容屑槽并经铲齿而形成切削刃，其类型如图 4.8 所示。滚刀轴肩的端面上标有技术参数，滚刀的参数与结构见表 4.9。

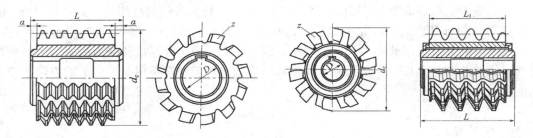

(a) 高速钢整体滚刀　　　　　　　　　　　(b) 镶片式滚刀

图 4.8　滚刀类型

表 4.9　滚刀参数与结构

名　称		参 数 与 应 用
模数 m		0.1～3 mm，用同一模数、压力角的滚刀，可滚切同模数、压力角的任何齿数的齿轮
压力角 α		20°(模数制)；14.5°(径节制)
精度等级	AA	可直接滚切出 7 级精度齿轮，常用于不能用剃齿、磨齿加工的 7 级齿轮
	A	可直接滚切出 8 级精度齿轮，也可作为剃齿前或磨削滚刀使用
	B	可滚切出 9 级精度齿轮
	C	可滚切出 10 级精度齿轮
滚刀类型		齿轮滚刀、剃前滚刀、圆弧齿轮滚刀
滚刀结构	整体式	制造容易，一般模数 m_n=0.1～10 mm
	镶片式	一般模数 m_n≥10 mm 的滚刀采用镶片式，刀片为硬质合金或高速钢，刀体为碳结构钢

2. 滚刀的工作原理

齿轮滚刀是利用一对螺旋齿轮的啮合原理工作的,如图 4.9(a)所示。滚刀相当于小齿轮,工件相当于大齿轮。滚刀的基本结构是一个螺旋齿轮,但只有一个或两个齿,因此其螺旋角 β_0 很大,螺旋升角 γ_{z0} 很小,使滚刀的外貌不像齿轮,而呈蜗杆状。

由于滚刀轴向开槽,齿背铲磨形成切削刃,故滚刀在与齿坯啮合运动过程中就能切出齿轮槽形。被切齿轮的法向模数 m_n 和分度圆压力角 α 与滚刀的法向模数和法向压力角相同,齿数 z_2 由滚刀的头数 z_0 与传动比 i 决定。齿轮滚刀的端面齿形具有渐开线,则滚切出的齿轮也具有渐开线齿形。

为保持滚刀与工件齿向一致,齿轮滚刀安装时令其轴线与工件端面倾斜 ϕ 角。ϕ 角的调整有以下三种情况。

(1) 滚刀与被切齿轮螺旋角旋向一致时(如图 4.9(a)所示):

$$\phi = \beta - \gamma_{z0} \tag{4.1}$$

(2) 滚刀与被切齿轮螺旋角旋向相反时(如图 4.9(b)所示):

$$\phi = \beta + \gamma_{z0} \tag{4.2}$$

(3) 被切齿轮是直齿轮时:

$$\phi = \gamma_{z0} \tag{4.3}$$

式中:　ϕ ——安装角;

　　　　β ——被切齿轮螺旋角;

　　　　γ_{z0} ——滚刀螺旋升角。

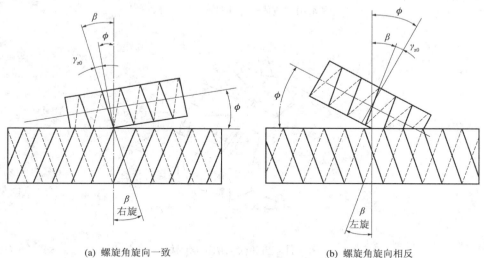

(a) 螺旋角旋向一致　　　　　　　　　　(b) 螺旋角旋向相反

图 4.9　齿轮滚刀的安装角

3. 阿基米德滚刀的结构

整体阿基米德滚刀的结构如图 4.10 所示,分为刀体、刀齿两部分。刀体包括内孔、键槽、轴台和端面。内孔是安装的基准,套装在滚刀的刀轴上,用键槽传递转矩。两端有轴台,其外圆精度较高,用于校正滚刀安装时的径向跳动。每个刀齿有顶刃和左右侧刃,它们都分布在产形蜗杆的螺旋面上,如图 4.11 所示。滚刀的顶刃与侧刃分别用同一铲削量铲削(铲磨)，得到的齿侧也是阿基米德螺旋面，左侧铲面导程小于产形蜗杆导程，右侧铲面导程大于产形蜗杆导程，使两侧铲面与顶面缩在产形蜗杆的螺旋面之内。这样既可保证有正确的刃形，获得所需的后角，又可使重磨前面后能保持齿形不变。

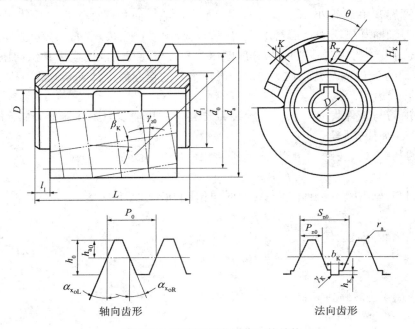

图 4.10　整体阿基米德滚刀的结构

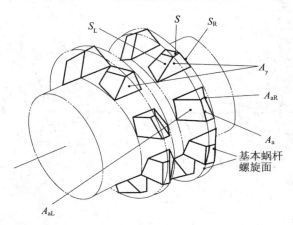

图 4.11　齿轮滚刀的铲形蜗杆

4．滚刀的安装调整

滚刀安装的好坏影响着滚刀径向和轴向跳动，最终影响切齿精度。

1）滚刀刀杆的安装

安装滚刀时，要检查刀杆与滚刀的配合(如图 4.12 所示)，以用手能将滚刀推入刀杆为准，间隙太大会引起滚刀的径向圆跳动。安装时，应将刀杆与锥度部分擦干净，装入机床主轴孔内并紧固。不准锤击滚刀，以免刀杆弯曲。

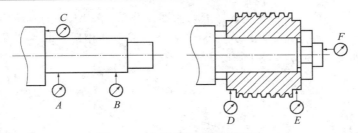

图 4.12 滚刀刀杆安装精度检验

滚刀安装好后，要在滚刀的两端凸台处检查滚刀的径向和轴向圆跳动误差，滚刀芯轴和滚刀的安装要求见表 4.10。

表 4.10 滚刀芯轴和滚刀的安装要求

齿轮精度等级	模数	径向和轴向跳动允许差					
		滚刀芯轴			滚刀台阶		轴向圆跳动
		A	B	C	D	E	F
5～6	<2.5	0.003	0.005	0.003	0.005	0.007	0.005
	>2.5～10	0.005	0.008	0.005	0.010	0.012	
7	≤1	0.005	0.008	0.005	0.010	0.012	0.010
	>1～5	0.010	0.015	0.010	0.015	0.018	
	>5	0.020	0.025	0.020	0.020	0.025	
8	≤1	0.010	0.015	0.010	0.015	0.020	0.015
	>1～5	0.020	0.025	0.020	0.025	0.030	
	>5	0.030	0.035	0.025	0.030	0.040	
9	<1	0.015	0.020	0.015	0.020	0.030	0.020
	>1～5	0.035	0.040	0.030	0.040	0.050	
	>5	0.045	0.050	0.040	0.050	0.050	

为了消除滚刀刀杆的径向圆跳动误差和轴向圆跳动误差，将刀杆转动 180°后重新安装夹紧。如果滚刀杆轴向窜动超过公差，可调整主轴轴向间隙。安装刀垫及刀杆支架外轴瓦座时，为了减少安装滚刀的误差，垫圈数目越少越好，擦得越干净越好，垫圈端面不应有划痕，紧固螺母的端面及垫圈均应磨制而成。刀杆支架装入时配合间隙要适宜。过紧将导致轴瓦发热磨损，甚至咬死；过松将在滚切过程中产生震动，影响工件质量。

2) 滚刀安装角的确定

滚切时，为了切出准确的齿形，应使滚刀和工件处于正确的啮合位置，即滚刀在切削点处的螺旋线方向应与被加工齿轮齿槽的方向一致。为此，需将滚刀轴线与工件顶面安装成一定角度，称为安装角。

根据上述要求，即可确定滚刀安装角的大小和倾斜方向。

加工直齿圆柱齿轮时，安装角 ϕ 等于滚刀的螺纹升角γ_{z0}，即 $\phi = \gamma_{z0}$。倾斜方向与滚刀螺旋方向有关，如图 4.13(a)、(b)所示。

　　加工斜齿圆柱齿轮时，安装角 ϕ 与滚刀的螺纹升角 γ_{z0} 和工件的螺旋角 β 的大小有关，且与二者的螺旋线方向有关，即 $\phi=\beta\pm\gamma_{z0}$（二者螺旋线方向相反时取"+"号，相同时取"−"号），倾斜方向如图 4.13(c)～(f)所示。

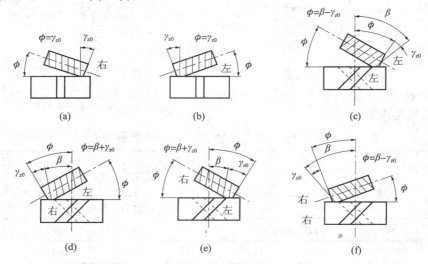

ϕ—安装角；γ_{z0}—滚刀的螺纹升角；β—工件的螺旋角

图 4.13　滚刀的安装角示意图

　　加工斜齿圆柱齿轮时，应尽量采用与工件螺旋方向相同的滚刀，使滚刀的安装角较小，有利于提高机床运动的平稳性和加工精度。

　　3) 滚刀角度的调整

　　首先松开刀架的锁紧螺母，然后手摇刀架上转动角度的方头手柄，通过蜗轮、蜗杆带动刀架旋转，按所需安装角调整完刀架角度后，将松开的锁紧螺母紧固好。滚刀刀架转角调整的误差对滚切 5 级、7 级、8 级、9 级齿轮分别允许的数值为 3′、5′、10′、15′。

　　4) 对刀

　　滚刀装好后应对好中心，否则，会影响被切齿轮左右齿面的齿形误差。通过对中保证滚刀一个刀齿或齿槽的对称中心线与工件中心线重合，对刀方法如图 4.14 所示。

　　(1) 试滚法。先用目测对中，然后开动机床，并径向移动滚刀，在齿坯外圆上切出一圈很浅(＜0.1 mm)的刀痕，如图 4.14(a)所示，如果不对称，可以移动刀架主轴轴向移位手柄进行调整。

　　(2) 刀印压痕法。将滚刀的前刀面转移到水平位置，然后径向移动滚刀，使滚刀的任何一个刀齿或刀槽移近齿坯的中心位置，再在刀齿和工件之间放一张薄纸，将纸压紧在工件上，观察滚刀中间槽相邻两切削刃的左右侧是否同时在纸上落有刀痕，如图 4.14(b)所示。由于滚刀刀尖圆角有误差，目测也会有误差，不会对得很准，有条件时，也可以用塞尺塞入两个刀尖，若两间隙一致，就说明滚刀对中了。

　　(3) 对刀架对中法。对 7 级以上精度的齿轮，可用对刀架进行对中，如图 4.14(c)所示。对中时，应使用与滚刀模数相同的对刀样板，调整滚刀主轴的轴向位置，使对刀样板紧贴滚刀齿槽两侧的切削刃即可。

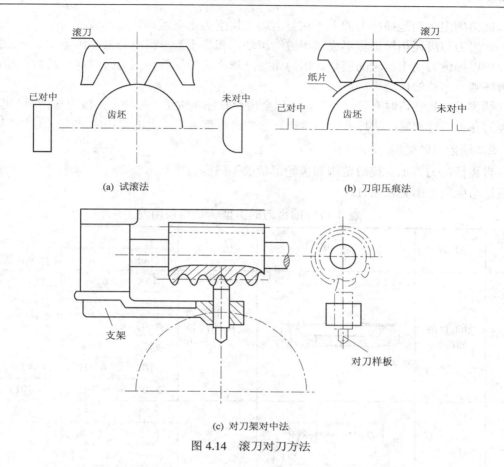

(a) 试滚法　　　　　　　　　　　　(b) 刀印压痕法

(c) 对刀架对中法

图 4.14　滚刀对刀方法

4.2.8　插齿刀

1．插齿刀的工作原理

插齿刀的外形像一个齿轮，齿顶、齿侧做出后角，端面做出前角，形成切削刃，如图 4.15 所示。

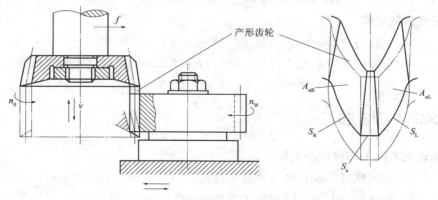

图 4.15　插齿刀的工作原理

插齿的主运动是插齿刀的上下往复运动。切削刃上下运动轨迹形成的齿轮称为产形齿轮。插齿刀与齿坯相对旋转形成圆周进给运动，相当于产形齿轮与被切齿轮作无间隙的啮合。所以插齿刀切出齿轮的模数、压力角与产形齿轮的模数、压力角相同，齿数由插齿刀与齿坯啮合运动的传动比决定。

插齿刀开始切齿时有径向进给，切到全齿深时停止进给。为减少插齿刀与齿面的摩擦，插齿刀在返回行程时，齿坯有让刀运动。这些过程都靠机床上的机构(如凸轮)得以实现。

2．插齿刀的类型

直齿插齿刀按加工模数范围和齿轮形状的不同分为盘形、碗形、带锥柄等。它们的主要规格与应用范围见表 4.11。

表 4.11　插齿刀的类型、规格与用途

序号	类型	简　图	应用范围	规　格		d_1/mm 或莫氏锥度
				d_0/mm	m/mm	
1	盘形直齿插齿刀		加工普通直齿外齿轮和大直径内齿轮	$\phi63$	0.3～1	31.743
				$\phi75$	1～4	
				$\phi100$	1～6	
				$\phi125$	4～8	
				$\phi100$	6～10	88.90
				$\phi200$	8～12	101.6
2	碗形直齿插齿刀		加工塔形、双联直齿轮	$\phi50$	1～3.5	20
				$\phi75$	1～4	3.743
				$\phi100$	1～6	
				$\phi125$	4～8	
3	锥柄直齿插齿刀		加直齿轮、内齿轮	$\phi25$	0.3～1	Morse No.2
				$\phi25$	1～2.75	
				$\phi38$	1～3.75	Morse No.3

插齿刀的精度分为 AA、A、B 三级，分别用于加工 6、7、8 级精度的圆柱齿轮。

3．插齿刀的安装

插齿刀的安装精度直接影响齿轮加工的精度。刀具安装的要求是：装夹可靠，垫板尽可能有较大直径与厚度，两端面平行且与插齿刀保持良好的接触。安装时需校正前面与外径的跳动量，一般不大于 0.02 mm。

4.2.9　蜗轮滚刀与飞刀

1．蜗轮滚刀的工作原理与进给方式

蜗轮滚刀是利用蜗杆与蜗轮啮合原理工作的。所以蜗轮滚刀产形蜗杆的参数均与工作蜗杆相同。加工时蜗轮滚刀与蜗轮的轴交角、中心距也应与蜗杆副的工作状态相同。

如图 4.16 所示，阿基米德蜗杆与蜗轮啮合时，通过中心的剖面 $O—O$ 相当于齿条与齿轮的啮合。远离中心的 $A—A$、$B—B$ 剖面均为非渐开线的共轭齿廓啮合。各剖面中的啮合点连成一条空间曲线，就是蜗杆与蜗轮啮合的接触线。由于蜗杆与蜗轮啮合呈曲线接触，故滚刀工作时不允许有沿蜗轮轴向的移动，也就是加工时只允许采用沿蜗轮的径向或切向进给。

在生产中径向进给应用较多，如图 4.17(a)所示。滚刀沿蜗轮直径方向切入，到达规定中心距后停止进给，再继续滚转一周后退刀。当滚刀头数多、螺旋角较大时，径向进给容易因干涉而使蜗轮齿形被过切，影响蜗杆副的工作质量。干涉过切的原理可从图 4.16 中的 $B—B$ 剖面中放大图 Ⅰ 中看出，蜗杆直径小于 J 点的齿形与蜗轮的啮合形成"相互钩住"的情况，不能拉开，只能切向旋进旋出。因此用径向进给切削蜗轮时，远离中心剖面中产形蜗杆

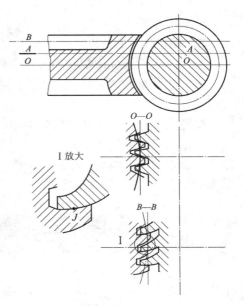

图 4.16　蜗杆副啮合情况

与被切蜗轮钩住的部分将被切掉，使蜗杆副啮合接触面积减小。

切向进给如图 4.17(b)所示，滚刀沿本身轴线进给，啮合中心距保持不变。此时工件在展成运动外还需有一个附加的运动，即滚刀移动一个齿距，工件多转 $1/z$ 周，其中 z 为蜗轮滚刀的齿数。

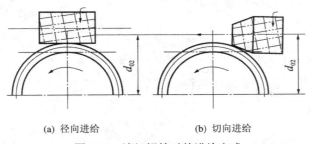

(a) 径向进给　　　　　　　　(b) 切向进给

图 4.17　滚切蜗轮时的进给方式

2. 蜗轮滚刀的结构特点

蜗轮滚刀是根据工作蜗杆副参数设计的专用滚刀。其外形结构与齿轮滚刀相比，有如下特点：

(1) 蜗轮滚刀产形蜗杆的类型、分圆直径、头数、旋向、齿形角等参数均应与工作蜗杆相同。

(2) 由于直径受工作蜗杆的制约，当滚刀强度不足时可将键槽开到端面上，而直径更小的滚刀只能做成带柄的形式。

(3) 由于直径受工作蜗杆的制约，往往螺旋升角较大，因此常采用螺旋槽的结构。一般多采用零前角，以减少设计制造误差。

(4) 有切削锥的蜗轮滚刀大多采用切向进给的工艺。而且要验算蜗杆副的参数是否满足径向装配条件。

3. 蜗轮飞刀的特点

加工蜗轮可以使用蜗轮飞刀代替蜗轮滚刀。蜗轮飞刀相当于切向进给蜗轮滚刀的一个刀齿，属于切向进给加工蜗轮的刀具。

蜗轮飞刀需专门设计刃磨齿形，安装在刀轴上，如图 4.18所示。蜗轮飞刀只能用非常小的进刀量，切削效率较低，但结构简单，刀具成本低。选用很小的进给量可使蜗轮的加工精度达到 7～8 级，适合单件生产。

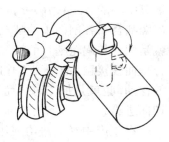

图 4.18　蜗轮飞刀

任务 4.3　滚削圆柱齿轮

【任务描述】

根据圆柱齿轮图纸进行滚齿加工。

【知识目标】

(1) 熟悉齿轮加工机床的切削运动及切削原理。
(2) 熟悉工件安装。
(3) 熟悉齿轮加工的操作步骤。

【能力目标】

(1) 能正确安装工件。
(2) 会操作滚齿机并按要求加工齿轮。

【教学组织方法】

教学组织方法见表 4.12。

表 4.12　任务 4.3 教学组织方法

资　　讯	1. 知识准备：齿轮加工机床的分类、用途、工作原理，齿坯安装和滚齿机的操作过程； 2. 教学参考书：《金属切削原理与刀具》、《金属加工实训》、《金属切削原理与刀具实训教程》； 3. 讲解知识要点、现场操作、观看视频、参观工厂
计划与决策	1. 分组讨论，明确任务要求； 2. 编写任务实施计划和实施方案； 3. 讨论、分析实施计划的可行性(教师参与)，确定可行的实施计划和方案； 4. 按计划分配任务到每一个人
实施与检查	分组，按实施方案及计划步骤滚削圆柱齿轮(教师指导)
评　　估	学生和老师填写考核单，收集任务单，对小组及个人进行综合评价，提出修改意见及注意事项

【教学过程】

4.3.1　资讯

(1) 明确任务要求：根据图纸要求滚削齿轮。

(2) 知识准备：齿轮加工机床的分类、用途、运动、工作原理，齿坯安装，滚齿机的操作过程。

(3) 教学参考书：《金属切削原理与刀具》、《金属加工实训》、《金属切削原理与刀具实训教程》。

(4) 讲解知识要点、现场操作、观看视频、参观工厂。

4.3.2　计划与决策

1. 计划

(1) 学生分组讨论，明确任务要求。

(2) 每组制订滚削圆柱齿轮的多种实施方案。

2. 决策

确定一种滚削圆柱齿轮的实施方案：选择滚齿机→安装齿轮→确定切削用量→操作滚齿机加工齿轮。

4.3.3　任务实施

1. 确定工艺装备

滚齿机：根据齿轮模数及最大加工直径，选择 Y3150E 滚齿机。

切削用量：该齿轮模数为 4，安排两次走刀。根据《金属切削加工手册》拟定第一次走刀进给量为 3 mm/r，第二次走刀进给量为 0.5 mm/r，第一次走刀滚削速度为 40 m/min，第二次走刀滚削速度为 85 m/min。

切削液：根据工件材料选择氯化极压切削油。

2. 安装齿轮

该齿轮为中批量生产，以内孔和端面定位，将齿坯套在心轴上，然后用螺母和垫片夹紧。

3. 操作滚齿机加工齿轮

将毛坯牢固地安装在心轴上，将滚刀杆装到主轴上时，用刀杆紧固螺栓固定。滚刀装上后，再将后轴承装上，用压板压紧，最后将滚刀紧固，调整挂轮，脱开差动离合器，对刀，启动电源开关，加工过程中应随时注意机器的运转状况，并对产品进行及时检验，发现问题及时纠正。

4.3.4　检查与考评

1．检查

(1) 检查工件安装的正确性。

(2) 检查齿轮加工是否达到图纸要求。

(3) 检查安全生产知识。

2．考评

考核评价按表 4.13 中的项目和评分标准进行。

表 4.13　任务 4.3 考核评价表

序号	考核评价项目		考 核 内 容	学生自检	小组互检	教师终检	配分	成绩
1	过程考核	专业能力	齿轮加工机床运动及原理				50	
			工件安装步骤及注意事项					
			齿轮加工过程及加工质量					
2		方法能力	信息搜集、自主学习、分析解决问题、归纳总结及创新能力				10	
3		社会能力	团队协作、沟通协调、语言表达能力及安全文明、质量保障意识				10	
4	常规考核		学习笔记				10	
5			课堂纪律				10	
6			回答问题				10	

【知识链接】

4.3.5　齿轮加工机床的类型及其用途

按照被加工齿轮的种类不同，齿轮加工机床可分为圆柱齿轮加工机床和锥齿轮加工机床两大类。

1．圆柱齿轮加工机床

圆柱齿轮加工机床主要包括滚齿机、插齿机、剃齿机、珩齿机和磨齿机等。

(1) 滚齿机：主要用于加工直齿、斜齿圆柱齿轮和蜗杆。

(2) 插齿机：主要用于加工单联及多联的内、外直齿圆柱齿轮。

(3) 剃齿机：主要用于淬火前的直齿和斜齿圆柱齿轮的齿廓精加工。

(4) 珩齿机：主要用于对热处理后的直齿和斜齿圆柱齿轮的齿廓精加工。珩齿对齿形精度的改善不大，主要是降低齿面的表面粗糙度。

(5) 磨齿机：主要用于淬火后的圆柱齿轮的齿廓精加工。

2．锥齿轮加工机床

锥齿轮加工机床主要分为直齿和弧齿两种。

(1) 直齿锥齿轮加工机床：包括刨齿机、铣齿机、拉齿机和磨齿机等。

(2) 弧齿锥齿轮加工机床：包括弧齿锥齿轮铣齿机、拉齿机和磨齿机等。

此外，齿轮加工机床还包括加工齿轮所需的倒角机、淬火机和滚动检查机等。

4.3.6　滚齿机

1. 滚齿原理

滚齿加工属范成法加工。用齿轮滚刀加工齿轮的过程，相当于一对交错轴螺旋齿轮副的啮合滚动过程，如图 4.19 所示。将其中一个齿轮的齿数减少到一个或几个，轮齿的螺旋角就会很大，会形成蜗杆形齿轮。再将"蜗杆"开槽并铲背，就形成了齿轮滚刀。因此滚刀实际上是一个斜齿圆柱齿轮，当机床的传动系统使该刀具和工件严格地按一对斜齿圆柱齿轮的速比关系作旋转运动时，该刀就可以在工件上连续不断地切出齿轮轮齿来。

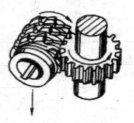

图 4.19　滚齿原理

2. 滚齿切削用量的选择

切削用量的选择应根据被加工齿轮的模数、材料、精度、夹具及刀具等情况而定，原则是在保证工件质量和合理滚齿寿命的前提下，根据机床、夹具—工件系统、刀具系统的刚性及其生产率等因素确定。

1) 走刀次数(背吃刀量)的选择

整个轮齿的加工一般不超过 2～3 次走刀(见表 4.14)。如果机床功率或刚性不足，可采用二次粗走刀，第一次走刀时，其背吃刀量取为 $1.4m$(模数)，第二次取为 $0.8m$(模数)。粗走刀时，建议用齿厚减薄的粗切滚刀加工，精切滚刀只用其侧刃进行切削。滚齿后要进行剃齿或磨齿时，一般采用一次走刀加工。

表 4.14　滚齿走刀次数

模数/mm	走到次数/次	应留余量
≤3	1	切至全齿深
>3～8	2	留精切余量 0.5～1 mm
>8	3	第一次切去(1.4～1.6) mm 第二次留精切余量 0.5～1 mm

2) 进给量的选择

为了保证较高的生产效率，应尽可能采用较大的进给量。粗加工时，由于机床—工件—滚刀系统的刚性不足而使滚刀刀架产生震动是限制进给量提高的主要因素。精加工时，齿面粗糙度是限制进给量的主要因素。

根据机床刚性可把立式滚齿机按表 4.15 进行分组。粗加工时进给量可按表 4.16 选用。修正系数见表 4.17。精加工进给量按表 4.18 选用。

表 4.15　根据机床刚性的立式滚齿机分组

机床组别	主电动机功率/kW	最大加工模数/mm	滚齿机型号
I	1.5～3	3～6	YBA3120、YBS3112、Y38 等
II	3～5	5～8	Y3150E、Y3150、YB3120、YB3115 等
III	5～8	6～12	YBA3132、YX3132、YKS3132、YK3180A、Y3180H 等
IV	10～14	10～18	Y31125E、YKS3140、YKX3140 等
V	≥15	16～30	Y31200H 等

表 4.16　滚刀粗加工进给量　　　　mm·r⁻¹

机床组别	加工模数/mm							
	2.5	4	6	8	12	16	22	26
I	2～3	1.5～2	—	—	—	—	—	—
II	3～4	2～3	1.5～2.5	1.5～2	—	—	—	—
III	4～5	3～4	2.5～3.5	2～2.5	1.5～2	—	—	—
IV	—	4～4	3.5～4.5	3～4	2.5～3	2～2.5	—	—
V	—	—	4～5	3.5～4.5	3～4	2.5～3.5	2～3	1.5～2

注：① 当被加工齿轮夹紧刚性较弱时，进给量应取最小值；
　　② 当工件条件改变时，表中数值应乘以修正系数(见表 4.17)。

表 4.17　修正系数表

被加工齿轮的材料硬度			被加工齿轮的螺旋角						
HBS	<220	<320	螺旋角/(°)	0	<30	<45	滚刀头数	1	2	3
修正系数	1.0	0.7	修正系数	1.0	0.8	0.65	修正系数	1.0	0.7	0.5

表 4.18　滚刀精加工进给量　　　　mm·r⁻¹

R_Z/μm 不大于	模数/mm	
	<12	>12
80	2～3	3～4
40	1～2	1.5～2.5
20	0.5～1	—

注：齿轮的精切应在机床—工件—滚刀系统刚性好的设备上进行，要保证被加工齿轮夹紧可靠，无震动；滚刀(或刃磨)精度好，侧刃上无缺口、划痕和其他缺陷；滚刀安装在机床上的跳动应不大于 0.01 mm。

3) 切削速度的选择

根据上述所取得的走刀次数、进给量，考虑被加工材料的性质、齿轮模数和其他加工条件来确定切削速度，其值见表 4.19。修正系数见表 4.20。

表 4.19 高速钢标准滚刀粗切轮齿时的切削速度 m/min

模数	进给量/$(mm \cdot r^{-1})$						
	0.5	1.0	1.5	2.0	3.0	4.0	5.0
2～4	85	60	50	45	40	35	30
5～6	75	55	45	40	35	30	25
8	60	45	35	30	25	22	—
10	58	43	35	30	25	21	—
12	58	41	31	29	23	21	—
16	49	35	29	25	20	—	—
20	48	34	29	25	20	—	—
24	45	30	24	20	—	—	—
30	35	25	20	—	—	—	—

切削速度在被加工材料的力学性能、化学成分、滚刀头数、加工类型等发生变化时，应进行修正。修正公式为

$$v = v' \kappa_{v1} \kappa_{v2} \kappa_{v3} \kappa_{v4} \tag{4.4}$$

式中：v'——切削速度，由表 4.19 查得；

κ_{v1}、κ_{v2}、κ_{v3}、κ_{v4}——修正系数，由表 4.20 查得。

表 4.20 修 正 系 数 表

被加工材料的力学性能						被加工材料的化学成分				
HBS	160	190	220	250	300	材料	碳钢（35、45 钢等）	低合金钢（20Cr、20 CrMnTi 等）	合金钢（6CrNiMo、18CrNiWA 等）	灰铸铁
σ_b/GPa	0.55～0.60	0.65～0.70	0.75～0.80	0.85～0.90	1.0～1.11					
κ_{v1}	1.25	1.0	0.8	0.7	0.4	κ_{v2}	1	0.9	0.75	0.8
滚刀头数	1	2	3	加工类型	粗切		半精切	精切		
κ_{v3}	1	0.75	0.65	κ_{v4}	1		1.2	1.4		

注：切削速度还与滚刀寿命、滚刀的刀尖圆角、滚齿机的刚性等因素有关。

采用涂层滚刀可以适当提高切削速度，一般可以提高 30%～50%，采用硬质合金滚刀可以使切削速度提高 4 倍。

3．滚齿机的调整

(1) 调试前注意检查与加工有关的部位，如刀杆、刀具凸台、芯轴、工装的定位端面跳动是否符合加工要求，工件的配合间隙是否合理等。具体要求：夹具端面跳动为 0.006～0.013 mm(根据端面大小)；心轴径向跳动小于 0.01 mm，上下顶尖锥面跳动小于 0.01 mm；滚刀刀杆端面和径向跳动小于 0.01 mm，滚刀轴台径向跳动小于 0.01 mm。

(2) 注意判断刀架与刀轴的交角是否按加工齿轮的需要加或减螺纹升角(同向相减，异向相加，如右旋刀具加工右旋工件，则角度相减，否则相加)。

(3) 按齿轮参数计算好分齿挂轮、差动挂轮和走刀挂轮并正确装好锁紧。

(4) 开机前再次检查好滚刀、工件是否压紧锁好，滚刀是否处于安全位置。

(5) 开机后注意将滚刀轴向(上下)初始进刀(安全)位置挡块锁紧。

(6) 手动径向进刀，待滚刀接触到工件外径时(允许吃刀 0.1 mm，以便于观察)，此时位置为有效进刀位置起点，在此基础上按以下公式进行初次进刀试切。当 $a = 17.5° \sim 22.5°$ 时，进刀量为 $L = M_n \times 2$，待一个加工行程完成后，测量齿厚(公法线)，以与目标量相差的差值 ΔS_n 乘以 1.5 为加工进刀量，直至加工到合格齿厚，这时刀具位置为最后的加工位置。进刀量按齿全深减 1 mm 直接进刀试切，待加工位置能进行齿根检测时，进行检测后再进刀，直至最后确定尺寸。

(7) 固定好刀架加工行程挡块(行程开关)的位置，进行循环加工。

(8) 滚刀的使用：滚刀边齿的齿形是不完整的，所以在加工时是不允许使用的，刚开始加工时，滚刀应从除开边齿的第一个齿开始，逐渐往另一端移动，直至到另一个边齿前。产品齿面出现啃刀、拉伤时应该及时移刀，以免造成严重批量不合格产品。

(9) 加工过程中应随时注意机器的运转状况，并及时对齿轮进行检验，发现问题应及时纠正。

4.3.7　插齿机

插齿机主要用于加工直齿圆柱齿轮，尤其适用于加工在滚齿机上不能滚切的内齿轮和多联齿轮。

1. 插齿机的工作原理

插齿机是按展成法原理来加工齿轮的。插齿刀实质上是一个端面磨有前角，齿顶及齿侧均磨有后角的齿轮。如图 4.20(a)所示，插齿时，插齿刀沿工件轴向作直线往复运动以完成切削主运动，在刀具和工件轮坯作无间隙啮合运动的过程中，在轮坯上渐渐切出齿廓。加工过程中，刀具每往复一次，就切出工件齿槽的一小部分，齿廓曲线是在插齿刀切削刃多次相继的切削中，由切削刃各瞬时位置的包络线形成的，如图 4.20(b)所示。

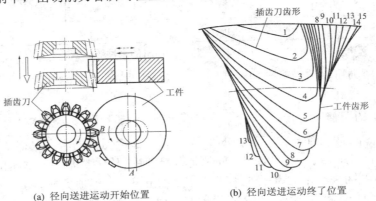

(a) 径向送进运动开始位置　　　　(b) 径向送进运动终了位置

图 4.20　插齿机的工作原理

2．插齿机的工作运动

加工直齿圆柱齿轮时，插齿机具有如下运动：

(1) 主运动。插齿机的主运动是插齿刀沿其轴线(即沿工件的轴向)所作的直线往复运动。

(2) 展成运动。加工过程中，插齿刀和工件必须保持一对圆柱齿轮的啮合运动关系，即在插齿刀转过一个齿时工件也转过一个齿。工件和插齿刀所作的啮合旋转运动即为展成运动。

(3) 圆周进给运动。圆周进给运动是插齿刀绕自身轴线的旋转运动，其旋转速度的快慢决定了工件转动的快慢，也直接关系到插齿刀的切削负荷、被加工齿轮的表面质量、机床生产效率和插齿刀的使用寿命。

(4) 径向切入运动。开始插齿时，如果插齿刀立即径向切入工件至全齿深，将会因切削负荷过大而损坏刀具和工件。为了避免这种情况，工件应逐渐地向插齿刀作径向切入。如图 4.20(a)所示，开始加工时，工件外圆上的 A 点与插齿刀外圆相切，在插齿刀和工件作展成运动的同时，工件相对于刀具作径向切入运动。当刀具切入工件至全齿深后(至 B 点)，径向切入运动停止，然后工件再旋转一整转，便能加工出全部完整的齿廓。

(5) 让刀运动。当插齿刀向上运动(空行程)时，为了避免擦伤工件齿面和减少刀具磨损，刀具和工件间应让开一小段距离(一般为 0.5 mm)，而在插齿刀向下开始工作行程之前，应迅速恢复到原位，以便刀具进行下一次切削，这种让开和恢复原位的运动称为让刀运动。让刀运动可以通过移动安装工件的工作台来实现，也可由刀具主轴的摆动得到。

4.3.8　磨齿机

磨齿机是用磨削方法对淬硬齿轮的齿面进行精加工的精密机床。通过磨齿可以纠正磨削前预加工中的各项误差。齿轮精度可达 6 级或更高。按齿廓的形成方法，磨齿有成形法和展成法两种，大多数的磨齿机以展成法来磨削齿轮。

1．按成形法工作的磨齿机

按成形法工作的磨齿机又称成形砂轮型磨齿机。它所用砂轮的截面形状被修整成工件轮齿间的齿廓形状。图 4.21(a)所示为磨削内啮合齿轮用的砂轮截面形状；图 4.21(b)所示为磨削外啮合齿轮用的砂轮截面形状。

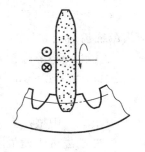
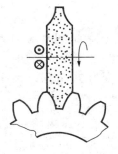

(a) 磨削内啮合齿轮　　　　　　(b) 磨削外啮合齿轮

图 4.21　成形砂轮磨齿

采用成形法磨齿时，砂轮高速旋转并沿工件轴线方向作往复运动。一个齿磨完后，工件需分度一次，再磨第二个齿。砂轮对工件的切入进给运动由安装工件的工作台作径向进给运动得到。这种磨齿方法使机床的运动比较简单。

2. 按展成法工作的磨齿机

(1) 蜗杆砂轮型磨齿机。蜗杆砂轮型磨齿机是用直径很大的修整成蜗杆形的砂轮磨削齿轮的，其工作原理与滚齿机相同，如图 4.22(a)所示。蜗杆形砂轮相当于滚刀，其旋转运动(即主运动)与工件的旋转运动组成一个复合成形运动，形成渐开线齿廓。

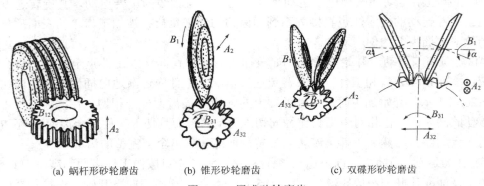

(a) 蜗杆形砂轮磨齿　　　　(b) 锥形砂轮磨齿　　　　(c) 双碟形砂轮磨齿

图 4.22　展成砂轮磨齿

(2) 锥形砂轮型磨齿机。锥形砂轮型磨齿机是利用齿条和齿轮啮合的原理来磨削齿轮的，它所使用的砂轮截面形状是按照齿条的齿廓修整的。当砂轮按切削速度高速旋转，并沿工件齿线方向作直线往复运动时，砂轮两侧面的母线就形成了假想齿条的一个齿廓，如图 4.22(b)所示。这类机床磨削齿轮时，是按单齿分度法磨削的，每一个齿槽的两侧面均需分别进行磨削。当工件向左滚动时，磨削左侧的齿面；当向右滚动时，磨削右侧的齿面。工件往复滚动一次，磨完一个齿槽的两侧齿面后，工件退离砂轮，并进行分度。分度时，工件在不作直线移动的情况下绕其轴线转过一个齿。

(3) 双碟形砂轮型磨齿机。双碟形砂轮型磨齿机也是按单齿分度法磨削的。该磨齿机用两个碟形砂轮的端平面(由实际宽度约为 0.5 mm 的工作棱边所构成的环形平面)来形成假想齿条的一个轮齿的两侧齿面，同时磨削齿槽的左右齿面，如图 4.22(c)所示。

4.3.9　剃齿机

剃齿机是一种齿轮精加工机床，主要用于滚齿或插齿后的软齿面及中硬齿面(HRC<35)的内、外直齿及斜齿圆柱齿轮的精加工，特别是台阶齿轮、鼓形齿轮和小锥度齿轮的精加工。剃齿后的齿轮精度为 7～6 级，齿面粗糙度可达 Ra 0.8～1.25 μm。

1. 剃齿机的类型

剃齿机的种类按所能加工齿轮的最大直径可分为小型、中型及大型三类。小型剃齿机加工齿轮的最大直径为 125 mm，最大模数为 1.5；中型剃齿机用途最广，加工齿轮的最大直径分别为 200 mm、320 mm、500 mm，最大模数在 8 mm 以下；大型剃齿机加工齿轮的最大直径为 800～2500 mm，最大模数可达 12 mm。

按剃齿机的性能特征，剃齿机可分为普通型剃齿机、万能型剃齿机和径向切入型剃齿机。各类剃齿机所能实现的剃齿方法的特性见表 4.21。

表 4.21 各种剃齿方法的特性

加工特性 \ 剃齿方法	轴向剃齿	对角剃齿	大对角剃齿	切向剃齿	径向切入剃齿
简　图					
	a—齿轮；b—剃齿刀；c—进给方向；d—轴交点				
进给运动方向	平行于工件轴线	与工件轴线呈一夹角	与工件轴线呈一大夹角	垂直于工件轴线	只作径向进给
进给运动形式	轴向进给	角度进给	角度进给	直角进给	切入进给
进给行程角	$0°$	$0°<\gamma<45°$	$45°<\gamma<90°$	$90°$	只作径向进给
进给行程长度	大于工件宽度	小于工件齿宽，取决于 γ		小于工件齿宽	
轴交角 Σ	$10°\sim15°$，剃削台阶齿轮或有干涉时，$\Sigma<30°$				
刀具宽度	与工件无关	取决于工件齿宽		大于工件齿宽	
刀具细齿分布	标准型			错齿型	
刀具节面形状	圆柱形	圆柱形或双曲图形		双曲图形	
刀具利用	不良	好			
齿面鼓形	调整机床	修整切具齿形			
沿齿高方向鼓形	修整刀具齿形				
剃齿时间	较长	短		最短	

2. 剃齿机的适用范围

剃齿机在齿轮加工制造业中广泛用于圆柱齿轮的精加工，它是一种高效的精加工设备，不但适合单件生产，更适用于批量及大量生产，齿轮模数从 0.3～12 mm，直径在10～2500 mm 的工件都可采用剃齿作为精加工工序。径向剃齿机还可剃削近距离的台阶齿轮，在提高加工效率和简化机床结构方面效果显著，广泛地用于汽车、摩托车、农业机械等大量生产齿轮的行业中。

4.3.10　齿坯安装

齿坯的安装分为定位和夹紧。

定位：根据加工批量分为两种，大批量生产以内孔和端面定位，如图 4.23(a)所示，单件小批量生产以外圆和端面定位，如图 4.23(b)所示。

夹紧：心轴、螺母和垫片。

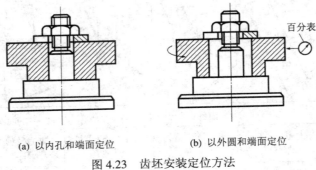

　　(a) 以内孔和端面定位　　　　　　　　(b) 以外圆和端面定位

图 4.23　齿坯安装定位方法

项目 5　钻削枪管孔

【项目导入】

工作对象：枪管类零件图(见图 5.1)，加工 ϕ10 孔。

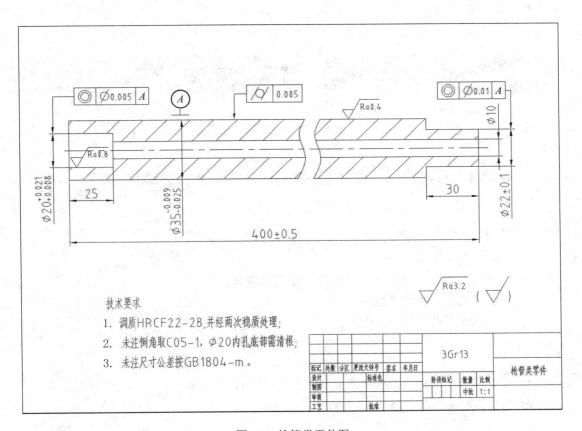

图 5.1　枪管类零件图

枪管为枪械的主要组成零件之一，枪管孔的加工属于深孔加工，且加工质量要求高。枪管可用棒料钻削制成，也可用无缝钢管加工而成，本项目通过枪管零件孔的钻削，使学生了解深孔加工刀具的类型、结构特点、使用场合，深孔加工系统以及加工质量控制。

【知识目标】

(1) 了解深孔加工系统。

(2) 了解深孔加工刀具的类型、结构特点和使用场合。

(3) 了解深孔加工步骤及过程。

(4) 了解深孔零件加工质量控制。

【能力目标】

(1) 能根据深孔零件加工要求选择加工系统、刀具。

(2) 能操作机床并加工深孔。

(3) 能根据加工缺陷分析原因。

【项目任务】

钻削枪管孔。

任务 5.1　钻削枪管孔

【任务描述】

根据枪管零件孔加工要求，选择合适的刀具、加工系统，并完成深孔加工、分析加工质量。

【知识目标】

(1) 了解深孔加工系统。

(2) 了解深孔加工刀具类型、结构特点和使用场合。

(3) 了解深孔加工步骤及过程。

(4) 了解深孔零件加工质量控制。

【能力目标】

(1) 能根据深孔零件加工要求选择加工系统、刀具。

(2) 能操作机床并加工深孔。

(3) 能根据加工缺陷分析原因。

【教学组织方法】

教学组织方法见表 5.1。

表5.1　任务5.1教学组织方法

资　　讯	1. 知识准备：深孔加工刀具的类型、结构特点和使用场合，深孔加工系统，深孔加工的步骤及过程，深孔加工的质量控制； 2. 教学参考书：《金属切削原理与刀具》、《金属加工实训》、《金属切削原理与刀具实训教程》； 3. 讲解知识要点、现场操作、观看视频、参观工厂
计划与决策	1. 分组讨论，明确任务要求； 2. 编写任务实施计划和实施方案； 3. 讨论、分析实施计划的可行性(教师参与)，确定可行的实施计划和方案； 4. 按计划分配任务到每一个人
实施与检查	分组，按实施方案及计划步骤钻削枪管孔，检查枪管孔加工是否达到图纸要求(教师指导)
评　　估	学生和老师填写考核单，收集任务单，对小组及个人进行综合评价，提出修改意见及注意事项

【教学过程】

5.1.1　资讯

(1) 明确任务要求：按图纸要求加工$\phi 10$孔。

(2) 知识准备：深孔加工刀具类型、结构特点和使用场合；深孔加工系统；深孔加工步骤及过程；深孔零件加工质量控制。

(3) 教学参考书：《金属切削原理与刀具》、《金属加工实训》、《金属切削原理与刀具实训教程》。

(4) 讲解知识要点、现场操作、观看视频、参观工厂。

5.1.2　计划与决策

1. 计划

(1) 学生分组讨论，明确任务要求。

(2) 每组制订钻削枪管孔的多种实施方案。

2. 决策

确定一种钻削枪管孔的实施方案：分析零件图，确定加工顺序→选择加工系统→确定切削用量→加工枪管孔。

5.1.3 任务实施

1．分析零件图，确定加工顺序

该零件最大外形尺寸为 $\phi35\times400$，要求加工 $\phi10$ 孔，长 375，尺寸精度为 IT10 级、表面粗糙度为 Ra 3.2 μm。

加工顺序：下料→调质→车外圆、端面→深孔钻→磨外圆、内孔→终检。

2．选择加工系统

分析深孔加工系统的特点及使用场合，结合该零件特征，选择枪钻加工系统。

3．确定切削用量

枪钻切削用量与工件材料、孔径大小有关。由于孔径小而深，靠切削液的压力排出切屑，因此，进给量宜小，查进给量选择图，进给量取 0.02 mm/r，切削速度为 60 m/min。

4．钻削枪管孔

将工件和刀具装好后，调整手柄到指定的进给量和转速，启动电源开关，开始钻孔，观察加工过程。

5.1.4 检查与考评

1．检查

(1) 检查枪管孔加工是否达到图纸要求。

(2) 检查安全文明生产知识。

2．考评

考核评价按表 5.2 中的项目和评分标准进行。

表 5.2 任务 5.1 考核评价表

序号	考核评价项目		考核内容	学生自检	小组互检	教师终检	配分	成绩
1	过程考核	专业能力	枪管零件分析				50	
			根据加工要求选择加工系统、刀具					
			操作机床并加工深孔					
			分析加工质量					
2		方法能力	信息搜集、自主学习、分析解决问题、归纳总结及创新能力				10	
3		社会能力	团队协作、沟通协调、语言表达能力及安全文明、质量保障意识				10	
4	常规考核		自学笔记				10	
5			课堂纪律				10	
6			回答问题				10	

【知识链接】

5.1.5　深孔的定义

深孔是指孔的深度与直径比 $L/D>5$ 的孔。对于普通的深孔，如 $L/D=5\sim20$，可以将普通的麻花钻接长而在车床或钻床上加工。对于 $L/D=20\sim100$ 的特殊深孔(如枪管和液压筒等)，则需要在专用设备或深孔加工机床上用深孔刀具进行加工。

5.1.6　深孔加工的特点

(1) 刀杆受孔径的限制，直径小，长度大，造成刚性差，强度低，切削时易产生震动、波纹、锥度，而影响深孔的直线度和表面粗糙度。

(2) 在钻孔和扩孔时，冷却润滑液在没有采用特殊装置的情况下，难以输入到切削区，使刀具耐用度降低，而且排屑也困难。

(3) 在深孔的加工过程中，不能直接观察刀具的切削情况，只能凭工作经验听切削时的声音、看切屑、手摸震动与工件温度、观察仪表(油压表和电表)来判断切削过程是否正常。

(4) 切屑排出困难，必须采用可靠的手段进行断屑及控制切屑的长短与形状，以利于顺利排出，防止切屑堵塞。

(5) 为了保证深孔在加工过程中顺利进行和达到所要求的加工质量，应增加刀具内(或外)排屑装置、刀具引导和支承装置以及高压冷却润滑装置。

(6) 刀具散热条件差，切削温度升高，使刀具的耐用度降低。

5.1.7　深孔加工系统

1．枪钻系统

枪钻系统主要用于小直径(一般小于 35 mm)深孔的钻削加工，所需切削液压力高，是最常见的深孔钻削加工方式，采用内冷外排屑方式，切削液通过中空的钻杆内部到达钻头头部进行冷却润滑，并将切屑从钻头及钻杆外部的 V 形槽排出，见图 5.2。

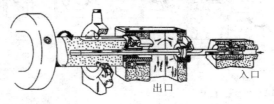

出口　　　　入口

图 5.2　枪钻系统

2．BTA 系统

高压力的切削液流经介于钻头和已钻孔之间的外钻管。钻柄本身是空的，切削液随切屑进入钻体，流经钻头内的排屑槽，然后排出钻管。高切削液压力使得 BTA 系统比喷吸钻系统更加可靠，当钻削材料(如低碳钢和不锈钢)难以获得良好的断屑性能时尤为如此。BTA系统始终是长时间连续加工的首选，见图 5.3。

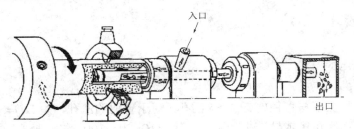

图 5.3　BTA 系统

3．喷吸钻系统

喷吸钻系统类似于 BTA 系统，但是其钻头是与内外钻管相连接的。切削液在内外钻管间流动时会流经钻头，并且完全在钻体内流动而不是只经过钻头表面，切削液在钻体内部先流出外钻管再流经内钻管。这种独立的系统较 BTA 系统而言所需的压力更小，并且通常能够安装在通用的机床刀具中而无需对机床进行大的改造，见图 5.4。

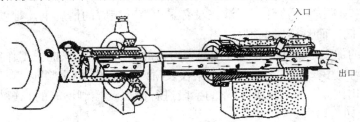

图 5.4　喷吸钻系统

4．DF(Double Feeder)系统

DF 系统是 BTA 系统与喷吸钻系统的结合。在 DF 前端放置一个以推压方式提供冷却液的高压输油器，后面放一个以吸出方式发生喷吸效应的装置。它的特点是能增大排屑量，发挥推、吸双重作用，使冷却液流速加快，单位时间内的流量也相应增加，因此它的生产率很高，见图 5.5。

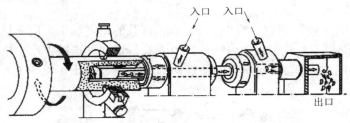

图 5.5　DF 系统

5.1.8　深孔加工刀具(深孔钻)

1．扁钻

如图 5.6 所示，扁钻是工厂广泛采用的一种深孔钻头。这种钻头结构简单，制造容易，在使用中除钻杆、水泵外，无其他辅助工装，因此使用方便，适用单件小批量生产。切屑在一定压力的冷却润滑液的作用下，从工件内孔中排除，不需退刀排屑，可以连续钻削。扁钻适用于对精度和表面粗糙度要求不高的深孔钻削。

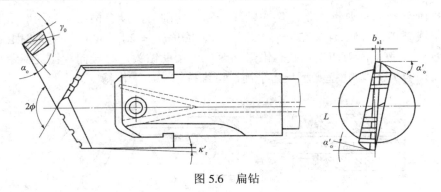

图 5.6 扁钻

2．枪钻

外排屑深孔钻以单面刃的应用最多。单面刃外排屑深孔钻最早用于加工枪管，故又名枪钻，枪钻属于小直径深孔钻，主要用来加工直径为 2～20 mm 的小孔，孔深与直径之比可超过 100。枪钻的结构如图 5.7 所示。它的切削部分采用高速钢或硬质合金，工作部分用无缝钢管压制成形。

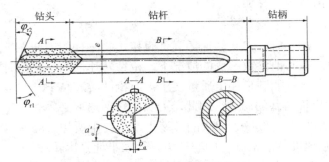

图 5.7 单刃外排屑小深孔枪钻

枪钻的工作原理如图 5.8 所示，工作时工件旋转，钻头进给，高压切削液(3.5～10 MPa)从钻杆尾端注入，经钻杆和切削部分的进液孔送入切削区以冷却、润滑钻头，切削液进入冷却切削区后把切屑经钻杆外的 V 形槽从所钻孔内冲刷出来，故称外排屑。排出的切削液经过过滤、冷却后流回液池，可循环使用。枪钻对加工长径比达 100 的中等精度的小深孔甚为有效。常选用 $v_c = 40$ m/min，$f = 0.01～0.2$ mm/r，乳化切削液的压力在 6.3 MPa、流量为 20 L/min。

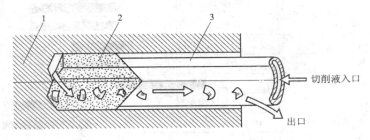

1—工件；2—切削部分；3—钻杆

图 5.8 枪钻的工作原理

枪钻切削部分的重要特点是：仅在轴线一侧有切削刃，没有横刃。使用时重磨内、外刃后面，形成外刃余偏角 $\varphi_{r1} = 25° \sim 30°$，内刃余偏角 $\varphi_{r2} = 20° \sim 25°$，钻尖偏距 $e = d/4$。如图 5.9 所示，由于内刃切出孔底有锥形凸台，可帮助钻头定心导向。钻尖偏距合理时，内、外刃背向合力 F_p 与孔壁支承反力平衡，可维持钻头的工作稳定。

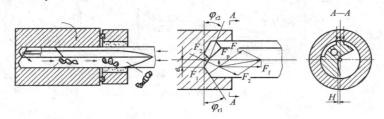

图 5.9　枪钻受力分析与导向芯柱

为使钻心外切削刃工作后角大于零，内刃前面不能高于轴心线，一般需控制使其低于轴心线 H。保持切削时形成直径约为 $2H$ 的导向芯柱，它也起附加定心导向作用。H 值常取 $(0.01 \sim 0.015)d$。由于导向芯柱的直径很小，因此能自行折断，随切屑排出。

枪钻加工切削用量的选择如下。

1) 转速的选取

枪钻在进行深孔加工时，刀头转速的高低直接影响工件的表面加工质量和枪钻的正常运转。实际加工中，在其他参数不变的情况下，枪钻转速低于一定值时将造成工件表面粗糙度达不到技术要求，不能满足加工质量要求；而枪钻转速高于一定值时又会造成切屑不断，使枪杆 V 形槽出现堵塞的问题。因此，刀头的转速选取必须有一个合理的范围，才能保证枪钻的正确使用和工件质量。刀头的转速主要取决于所加工的材料和钻头的直径。可根据表 5.3 查出切削速度然后根据选取的钻头直径大小计算出转速。

表 5.3　切 削 速 度 表

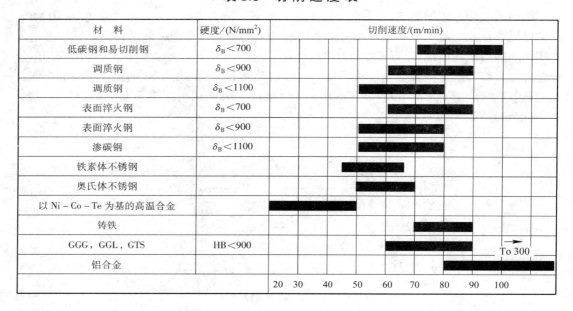

材　　料	硬度/(N/mm²)	切削速度/(m/min)
低碳钢和易切削钢	$\delta_B < 700$	
调质钢	$\delta_B < 900$	
调质钢	$\delta_B < 1100$	
表面淬火钢	$\delta_B < 700$	
表面淬火钢	$\delta_B < 900$	
渗碳钢	$\delta_B < 1100$	
铁素体不锈钢		
奥氏体不锈钢		
以 Ni – Co – Te 为基的高温合金		
铸铁		
GGG，GGL，GTS	HB<900	To 300
铝合金		
		20　30　　40　　50　　60　70　80　90　100

2) 进给量的选取

在枪钻深孔加工中，每转进给量的选取直接关系到切屑长度和形状。实践发现，转速一定并且在枪钻负荷之内的情况下，枪钻的进给量过大或过小都会造成切屑不易断屑，很容易造成切屑堵塞、无法顺利排出的问题。所以选取一个合适的进给量非常重要。

进给量的选择取决于钻头直径和加工材料。选取进给量时，如图 5.10 所示，根据所加工的材料和钻头直径查出每转的进给量，可得到一个初步的进给量值。

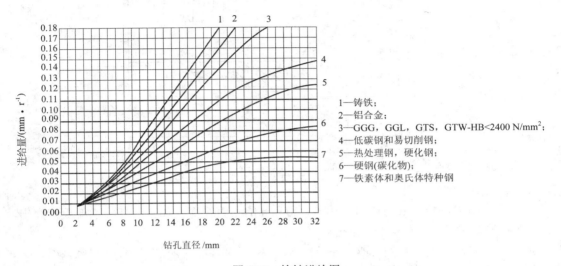

1—铸铁；
2—铝合金；
3—GGG，GGL，GTS，GTW-HB<2400 N/mm^2；
4—低碳钢和易切削钢；
5—热处理钢，硬化钢；
6—硬钢(碳化物)；
7—铁素体和奥氏体特种钢

图 5.10　枪钻进给图

3) 冷却润滑油参数的选取

在枪钻深孔加工中，冷却液油压过低也是引起切屑堵塞的原因之一，它会使切屑堆积在排屑槽中，这些受挤压的切屑形成堵塞，使过大的扭矩作用于枪钻，当枪钻 V 形槽被堵塞时，刀头有可能被折断。所以，冷却润滑油供给参数的选取在枪钻深孔加工中十分重要。冷却润滑油在深孔加工中的作用为冷却润滑及利用油压排出切屑。在枪钻加工中，小直径的钻头采用高压力、小流量来排出铁屑；大直径的钻头采用低压力、大流量来排出切屑。冷却润滑油的压力 P 和流量 Q 相互依赖，它们主要取决于钻头直径 D 和钻杆的长度 L。知道了钻头的直径和钻杆的长度就可以根据图 5.11 查出冷却润滑油的流量 Q 和压力 P 的大约数值。

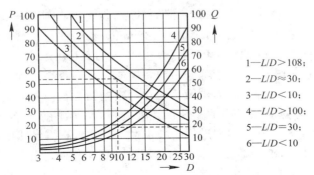

1—$L/D>108$；
2—$L/D≈30$；
3—$L/D<10$；
4—$L/D>100$；
5—$L/D=30$；
6—$L/D<10$

图 5.11　枪钻冷却润滑液压力图(流量图)

3. DF 深孔钻

如图 5.12 所示，DF 深孔钻吸收了 BTA 深孔钻和喷吸钻的优点，采用单管，排屑靠推压和抽吸的双重作用，提高了排屑能力，可钻削孔径在 8 mm 以上的深孔。

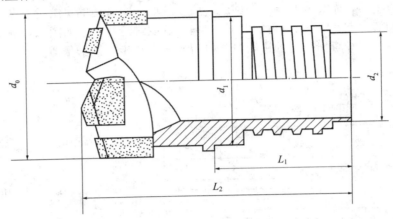

图 5.12　DF 探孔钻

DF 深孔钻的特点如下：

(1) 排屑效果好。尤其对于直径为 6～20 mm 的小直径深孔加工，其优点就更为突出，可取代部分枪钻来加工小直径的深孔。

(2) 只要一根钻杆，省掉了喷吸钻的内管。钻杆内有冷却液的支托，切削震动较小，排屑空间较喷吸钻大，排屑顺畅。因此，加工精度略高于喷吸钻。

(3) 冷却液压力较 BTA 深孔钻低，一般冷却液压力为 1～2 MPa，流量 Q 小于 135 L/min。

(4) 生产率高。加工效率一般比 BTA 深孔钻高 1～2 倍。

(5) DF 系统深孔钻加工的孔径范围为 6～180 mm，长径比为 30～50，最大可达 100。但对于直径大于 65 mm 的深孔，抽屑效果下降，因此，DF 系统比较适合于中、小直径的深孔加工。

4. BTA 内排屑深孔钻

BTA 深孔钻由钻头和钻杆组成，通过多头矩形螺纹连接成一体。图 5.13 所示为错齿内排屑深孔钻的典型结构，其工作原理如图 5.13(a)所示。高压切削液(2～6 MPa)由工件孔壁与钻杆外表面之间的空隙进入切削区以冷却、润滑钻头切削部分，并将切屑经钻头前端的排屑孔冲入钻杆内部向后排出，称内排屑。钻杆断面为管状，刚性好，因而切削效率高于外排屑的切削效率。它主要用于加工 $d = 18～185$ mm、深径比在 100 以内的深孔。

通常直径为 18.5～65 mm 的钻头可制成焊接式(见图 5.13(b))，而直径大于 65 mm 的钻头制成可转位式(见图 5.13(c))。切削部分由数块硬质合金刀片交错地焊在钻体上，使全部切削刃布满整个孔径，并起到分屑的作用。这样可根据钻头径向各点不同的切削速度，采用不同的刀片材料(或牌号)，并可分别磨出所需要的不同参数的断屑台，采用较大的顶角，以利于断屑。采用导向条以增大切削过程的稳定性，其位置根据钻头的受力状态安排，导向条的材料一般可采用 YG8 硬质合金。在内排屑深孔钻工作时，由于切屑是从钻杆内部排出而不与工件已加工表面接触，可获得良好的加工表面质量。

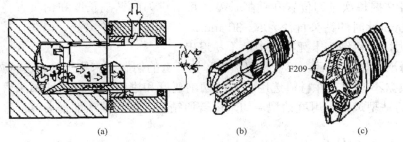

图 5.13　BTA 内排屑深孔钻

BTA 内排屑深孔钻除具有无横刃，内、外刃余偏角不等，有钻头偏距等特点外，切削刃分段、交错排列，能保证可靠的分屑和断屑，而且中心和外缘刀片可选用不同材料，外缘刀片用耐磨性好的材料，中心刀片用韧性好的材料。BTA 钻头推荐使用的切削用量一般为 $v_c = 60 \sim 120$ m/min，$f = 0.03 \sim 0.25$ mm/r，切削液压力为 $0.49 \sim 2.96$ MPa、流量为 $50 \sim 400$ L/min。

5. 深孔麻花钻

在无专用工装的情况下进行单件生产时，可用标准的麻花钻头加一根长钻杆来钻削深孔。但是，由于麻花钻头的容屑空间和通道的影响，不能连续排屑和冷却润滑，所以必须多次进行排屑与润滑，从而增加了比之前所述钻头多许多倍的辅助时间，致使加工效率降低。但它不需要其他工装，操作技术较为简单，因而它是单件生产时常采用的深孔钻工具。

采用麻花钻钻深孔时应注意的问题如下：

(1) 钻杆直径 d 应小于钻头直径 $0.3 \sim 0.8$ mm，外表面必须光滑。对于直径 20 mm 以上的钻杆可采用滚压加工，以提高钻杆表面的硬度，防止切屑、碎屑拉伤。

(2) 锥柄钻头 A 段直径应磨小 $0.5 \sim 1$ mm，如图 5.14 所示，以防此段在钻削的过程中因硬度低而断裂，留在孔中(锥柄钻头的锥柄是一般钢在 A 段对焊而成的，柄部硬度低)。

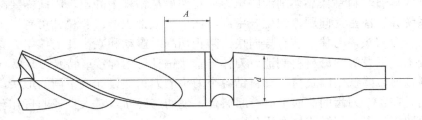

图 5.14　深孔麻花钻

(3) 对直柄钻头接长钻杆的方法，采用如图 5.15 所示的焊接，它除对焊外，再在镶装部磨两个坑后焊好，磨圆即成。这样焊的钻头结实，不会在钻削中开焊。

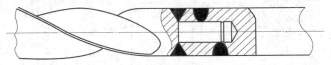

图 5.15　直柄钻头的焊接

(4) 采用长钻杆的钻头钻深孔前，先用中心钻钻一个定位孔，再用短钻头(未加长的钻头)钻一导向孔(尽可能深一点)后，才用长钻头钻。

(5) 严格掌握每次进刀位置和钻削长度。每次进刀的钻削长度和钻头直径成正比，一般为 5～15 mm(此时的钻头直径为 5～30 mm)，千万不要进给太长，以防容屑太多，增大和孔的摩擦力，而将钻头卡死在孔中，不易退出。

(6) 在每次退出排屑后，一定要把钻头和钻杆上的切屑碎末刷干净，并涂好润滑油。

(7) 要根据不同的工件材料选用不同的切削速度和进给量，以保证钻头有较合理的耐用度。钻头的钻型最好采用群钻型，如采用普通钻型，应把钻头的横刃修磨窄，以减小轴向力。

6. 套料钻(环孔钻)

如图 5.16 所示，套料钻是以环形切削方式在实体材料上加工孔的钻头。套料加工能留下料芯，可以节约材料，减少机床的动力消耗。当需要从材料中心取出试样做性能检验时，套料钻是其他种类刀具所不能代替的。套料钻通常用于加工直径在 60 mm 以上的孔，套料深度可达十几米。

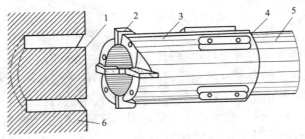

1—料芯；2—刀片；3—钻体；4—导向块；5—钻杆；6—工件

图 5.16　套料钻钻孔

套料钻分为外排屑式和内排屑式两种(见图 5.17 和图 5.18)。外排屑套料钻的主要优点是所需的切削液系统的设备简单，但钻杆直径较小，因而强度和刚度较差，多用于单件小批量生产；内排屑套料钻依靠切削液的压力，将切屑从钻杆中冲出，因此需要配备较为复杂的供液系统并解决密封问题，但生产率高，适用于成批生产。套料钻可有一个或多个高速钢或硬质合金刀头，刀体上装有导向块，防止切削时震动和减小孔的偏斜。导向块用硬质合金、胶木或尼龙等耐磨材料制造。刀体与管状钻杆可用焊接或特殊方牙螺纹连接。为了保证排屑畅通、降低切削负荷，套料钻各个刀头的刀刃被设计成不同的形状，使切屑分得较窄，同时在各个刀齿的前面上磨有断屑台，使切屑碎断。对大直径的盲孔套料时，需要用专门的切断装置，使料芯与本体分离。

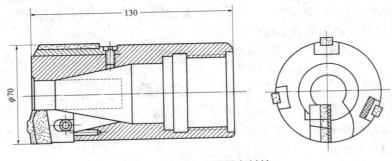

图 5.17　单齿内排屑套料钻

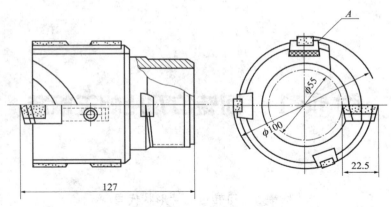

图 5.18 单齿外排屑套料钻

套料钻适用于下列几种情况：

(1) 对孔的直线度和位置精度有较高的要求，孔径超过 50 mm 的孔。

(2) 长径比为 1～65 的深孔使用套料钻比较经济。

(3) 工件材料价格昂贵或要对芯料进行测试和化学分析，需保留完整的芯部余料。

(4) 机床功率不足，而需钻直径较大的孔。

5.1.9 针对深孔加工中常见问题采取的措施

(1) 采取分段分级依次钻削加工。将深孔钻头分为由小到大的几种长度，依次装卡，依次钻削，同时选择与钻头长度相应的、合理的钻削参数进行加工。

(2) 由于工件孔的周边壁厚差异较大，大量的切削热集中在孔距工件外表面较近的区域。由于工件温度偏高区域的一侧切削阻力下降，导致所钻孔的轴线偏斜，因此，应该着重降低切削热集中区域的温度。采用海绵条吸满冷水覆盖在热量集中的区域进行冷却的办法可以得到明显效果。

(3) 经常退出钻头，进行冷却并清除切屑。这种简便易行的深孔加工方法较好地解决了深孔加工中的刀具、导向、散热和排屑问题，使深孔加工后的尺寸精度和表面粗糙度都有了很大提高，孔的直线度也非常好。

附录 1　可转位刀片相关标准

表 1　可转位刀片形状代号

刀片形状类别	代号	形状说明	刀尖角 ε_r	示意图
I　等边等角	H	正六边形	120°	
	O	正八边形	135°	
	P	正五边形	108°	
	S	正方形	90°	
	T	正三角形	60°	
II　等边不等角	C	菱形	80°[a]	
	D		55°[a]	
	E		75°[a]	
	M		86°[a]	
	V		35°[a]	
	W	等边不等角的六边形	80°[a]	
III　等角不等边	L	矩形	90°[a]	
IV　不等边不等角	A	平行四边形	85°[a]	
	B		82°[a]	
	K		55°[a]	
	F	不等边不等角的六边形	82°[a]	
V　圆形	R	圆形	—	

a　所示角度是指较小的角度。

表 2　常规刀片的法后角值

示意图	代号	法后角
	A	3°
	B	5°
	C	7°
	D	15°
	E	20°
	F	25°
	G	30°
	N	0°
	P	11°
	O	其他需专门说明的法后角

表 3　镶片式或整体式刀片的切削刃类型

代　号	示意图	说　明
S		整体刀片
F		单面全镶刀片
E		双面全镶刀片
A		单面单角镶片刀片
B		单面对角镶片刀片
C		单面三角镶片刀片
D		单面四角镶片刀片
G		单面五角镶片刀片
H		单面六角镶片刀片
J		单面八角镶片刀片
K		双面单角镶片刀片

代　号	示意图	说　明
L		双面对角镶片刀片
M		双面三角镶片刀片
N		双面四角镶片刀片
P		双面五角镶片刀片
Q		双面六角镶片刀片
R		双面八角镶片刀片
T		单角全厚镶片刀片
U		对角全厚镶片刀片
V		三角全厚镶片刀片
W		四角全厚镶片刀片
X		五角全厚镶片刀片
Y		六角全厚镶片刀片
Z		八角全厚镶片刀片

表 4　标准刀片的厚度代号

刀片厚度 s		刀片厚度代号		刀片厚度 s		刀片厚度代号	
min	in	公制	英制	min	in	公制	英制
1.59	1/16	01	1	5.56	7/32	05	3.5
1.98	5/64	T1	1.2	6.35	1/4	06	4
2.38	3/32	02	1,5	7.94	5/16	07	5
3.18	1/8	03	2	9.52	3/8	09	6
3.97	5/32	T3	2.5	12.7	1/2	12	8
4.76	3/16	04	3				

附录2　数控刀具圆锥柄部的形式与尺寸(7∶24)

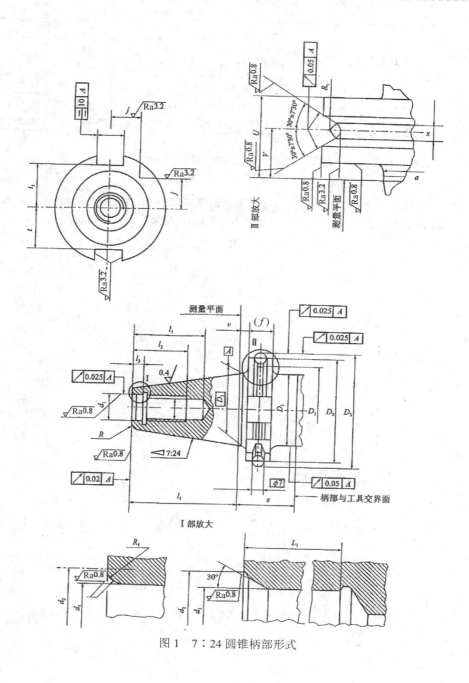

图1　7∶24圆锥柄部形式

表5　7∶24圆锥柄部尺寸

柄部型号	锥体			螺纹孔							凸缘			
	D_1	$l_1\ {}^{0}_{-0.3}$	$R\ {}^{0}_{-0.5}$	l_2 min	l_3 min	$l_4\ {}^{+0.50}_{0}$	d_1 H7	d_2 max	g 6H	$R_1\ {}^{0}_{-0.5}$	$D_4\ {}^{0}_{-0.5}$	$D_5\ {}^{0}_{-0.1}$	$x\ {}^{+0.15}_{0.1}$	$y\ {}^{+0.1}_{-0.1}$
40	44.45	68.40	1.20	32	43	8.20	17	19.00	M16	1	56.25	63.55	3.75	3.20
45	57.15	82.70	2.00	40	53	10.00	21	23.40	M20	1.2	75.25	82.55		
50	69.85	101.75	2.50	47	62	11.50	25	28.00	M24	1.5	91.25	97.50		

柄部型号	凸缘								其他				
	f	$U\ {}^{0}_{-0.1}$	$V\ {}^{+0.1}_{-0.1}$	$t\ {}^{0}_{-0.4}$	$t_1\ {}^{0}_{-0.4}$	$j\ {}^{0}_{-0.3}$	w	b H12	$R_2\ {}^{0}_{-0.5}$	$D_3\ {}^{0}_{-0.5}$ 一般	特殊	$D_6\ {}^{+0.05}_{-0.05}$	e min
40				22.80	25.00	18.50	0.12	16.10		44.70	50	72.30	
45	15.90	19.10	11.10	29.10	31.30	24.00	0.12	19.30	1	57.40	63	91.35	35
50				35.50	37.70	30.00	0.20	25.70		70.10	80	107.25	

注：① d_1孔和螺孔之间的空刀槽形式、尺寸由生产厂自定。

② 7∶24圆锥大头与凸缘之间的连接部分直径D_2、$D_2 = D_1\ {}^{+0.05}_{0}$。

③ d_1孔端可以用半径为R_1的圆弧或30°两种倒角形式，但倒角端面的尺寸应限制在d_2上。

④ 7∶24圆锥表面允许有空刀槽，其宽度不大于$l_1/3$，槽深不大于0.5 mm。

附录3 镗铣类数控机床用工具系统相关标准

1. TSG82 工具系统

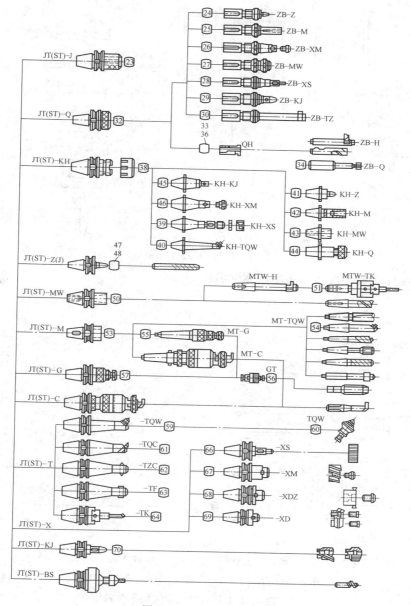

图2 TSG82 工具系统

2. TMG21 工具系统

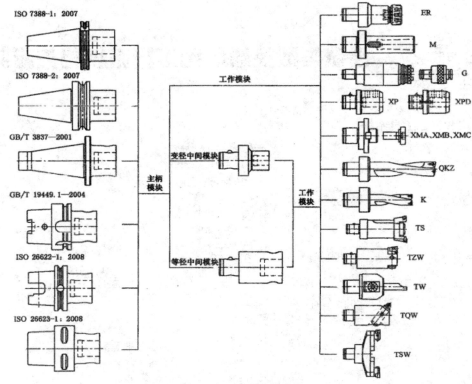

图 3　TMG21 工具系统

3. TMG21 工具系统接口各组成零件名称

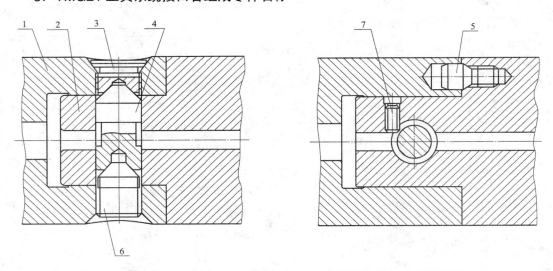

1—接口孔；2—接口轴；3—内锥端螺钉；4—锁紧滑销；5—定位销螺钉；

6—外锥端螺钉；7—内六角圆柱端紧定螺钉

图 4　TMG21 工具系统接口组成零件名称

4. TMG21 工具系统接口孔形式和尺寸

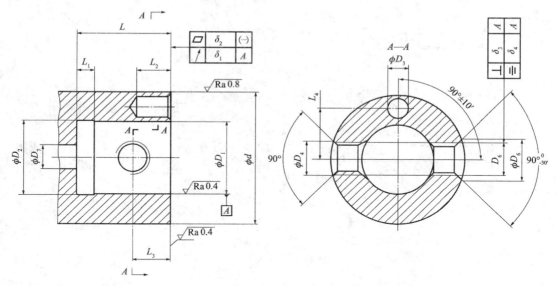

图 5　TMG21 工具系统接口孔型式 1

表 6　TMG21 工具系统接口孔尺寸表 1

规格	25	32	40	50	63	80	100	125
d(g8)	25	32	40	50	63	80	100	125
D_1	$13^{+0.005}_{+0.002}$	$16^{+0.005}_{+0.002}$	$20^{+0.005}_{+0.002}$	$28^{+0.006}_{+0.003}$	$34^{+0.006}_{+0.003}$	$46^{+0.007}_{+0.003}$	$56^{+0.008}_{+0.003}$	$70^{+0.009}_{+0.004}$
D_2	14	17	21	29	35	47	57	71
D_3(H12)	3.3	5	6	7	10	12	16	20
D_4	8	10	12	14	18	22	26	32
D_5	M6×0.75	M8×1	M10×1.25	M12×1.5	M16×1.5	M20×2	M24×2	M30×2
D_6	8.3	10.4	13.4	16.5	20.5	26	31	40
D_7	作为主柄内冷却孔由各生产厂家自行设计，作为中间模块内冷却孔根据接口轴的 D_5 尺寸设计							
L	24	27	31	36	43	48	60	76
L_1	6	7	8	8	8	8	8	10
L_2	4	7	9	10	12	14	18	25
$L_3{}^{+0.05}_{-0.05}$	8.3	10.3	11.3	13.3	17.4	20.4	24.4	30.5
L_4(JS12)	9.5	12	15	19.5	24.3	31	39	48.5
δ_1	0.0025	0.003	0.003	0.003	0.004	0.004	0.004	0.005
δ_2	0.003	0.004	0.004	0.005	0.005	0.006	0.006	0.008
δ_3	ϕ0.03	ϕ0.04	ϕ0.04	ϕ0.05	ϕ0.05	ϕ0.06	ϕ0.06	ϕ0.08
δ_4	0.05	0.06	0.06	0.06	0.08	0.08	0.08	0.10

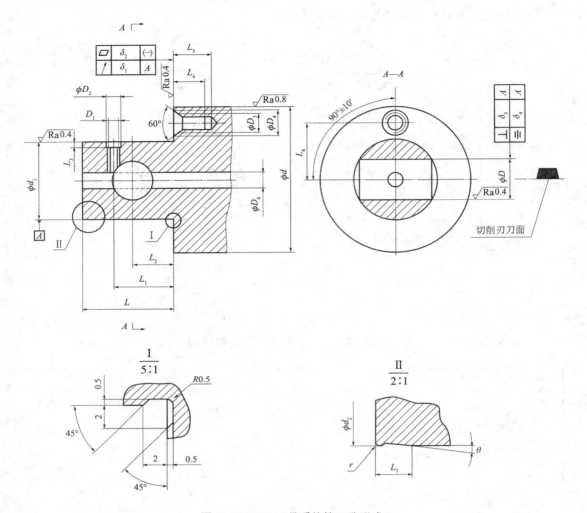

图 6　TMG21 工具系统接口孔形式 2

表 7　TMG21 工具系统接口孔尺寸表 2

规格	25	32	40	50	63	80	100	125
d (g8)	25	32	40	50	63	80	100	125
d_1	$13^{-0.002}_{-0.004}$	$16^{-0.002}_{-0.004}$	$20^{-0.002}_{0.004}$	$28^{-0.002}_{-0.004}$	$34^{-0.002}_{-0.005}$	$46^{-0.003}_{-0.005}$	$56^{-0.003}_{-0.006}$	$70^{-0.003}_{-0.007}$
d_2 (f9)	13	16	20	28	34	46	56	70
D (H8)	7	9	11	13	17	21	25	32
D_1	M2.5 – 6H	M2.5 – 6H	M4 – 6H	M4 – 6H	M5 – 6H	M5 – 6H	M5 – 6H	M6 – 6H
D_2	3.5	3.5	5	5	6	6	6	7
D_3	M2.5 – 6H	M4 – 6H	M4 – 6H	M5 – 6H	M8 – 6H	M10 – 6H	M14 – 6H	M16 – 6H
D_4	3.3	5.0	6.0	7.0	10.3	12.5	16.0	20.0
D_5	4.1	6.1	6.1	7.0	7.0	8.1	14	14
L	20	23	26	31	38	43	55	70

续表

规格	25	32	40	50	63	80	100	125
L_1（js12）	11.3	14.1	16	18.8	24.8	20	24	30
L_2	$8_{-0.08}^{0}$	$10_{-0.08}^{0}$	$11_{-0.08}^{0}$	$13_{-0.08}^{0}$	$17_{-0.08}^{0}$	$20_{-0.08}^{0}$	$24_{-0.08}^{0}$	$30_{-0.10}^{0}$
L_3	1	1.5	1.5	2	2.5	4	5	6
L_4	5	7	9.3	11.5	12	16	18	22
L_5	7	9.5	10.2	15	16	20	22	26
L_6（js12）	9.5	12.0	15.0	19.5	24.3	31	39	48.5
L_7	3.7	4.5	5.5	6.8	7.5	8	12	16
r	R0.6	R1	R1	R1	R1	R1	R1.5	R1.5
δ_1	0.0025	0.003	0.003	0.003	0.004	0.004	0.004	0.005
δ_2	0.003	0.004	0.004	0.005	0.005	0.006	0.006	0.008
δ_3	$\phi0.025$	$\phi0.025$	$\phi0.03$	$\phi0.04$	$\phi0.04$	$\phi0.05$	$\phi0.05$	$\phi0.06$
δ_4	0.04	0.04	0.05	0.05	0.06	0.06	0.08	0.08
θ	10°	10°	10°	10°	10°	10°	7°	7°

5. 镗铣类数控机床用工具系统中各种常用工具的形式和尺寸

1）直角型粗镗刀

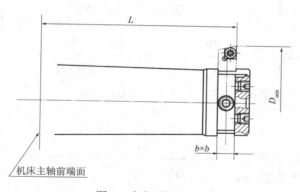

图7　直角型粗镗刀

表8　直角型粗镗刀尺寸表　　　　　　　　　　　mm

直角型粗镗刀型号	工作长度 L（参考）	刀头方孔 $b\times b$	最小镗孔直径 $D_{\min}$
TZC25	135	8×8	25
TZC38	180	10×10	38
TZC50	180～240	13×13	50
TZG62	180～270	16×16	62
TZG72	225～280	19×19	72
TZG90	180～300		90
TZC105	195～285	25×25	105

2) 倾斜型粗镗刀(TQC)

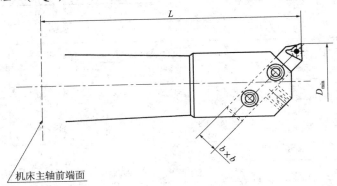

图 8　倾斜型粗镗刀

表 9　倾斜型粗镗刀尺寸表　　　　　　　　　　　mm

倾斜型粗镗刀型号	工作长度 L（参考）	刀头方孔 $b \times b$	最小镗孔直径 D_{min}
TQC25	135	8 × 8	25
TQC30	165		30
TQC38	180	10 × 10	38
TQC42	210		42
TQC50	180～240	13 × 13	50
TQC62	180～270	16 × 16	62
TQC72	180～285	19 × 19	72
TQC90	180～300		90

3) 直角型微调镗刀(TZW)

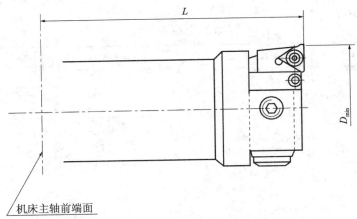

图 9　直角型微调镗刀

表 10　直角型微调镗刀尺寸表
mm

直角型微调镗刀型号	工作长度 L （参考）	最小镗孔直径 D_{min}
TZW××	95～115	××
TZW××	100～125	××
TZW××	105～130	××
TZW××	120～145	××
TZW××	125～140	××
TZW××	150～175	××
TZW××	165～190	××

注：××表示最小镗孔直径数值，可由制造厂自定。

4) 倾斜型微调镗刀(TQW)

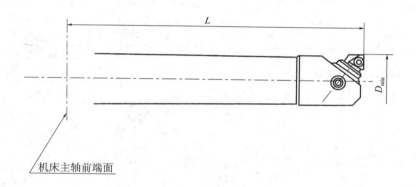

图 10　倾斜型微调镗刀

表 11　倾斜型微调镗刀尺寸表
mm

倾斜型微调镗刀型号	工作长度 L （参考）	最小镗孔直径 D_{min}
TQW××	135	××
TQW××	150～210	××
TQW××	180～315	××
TQW××	210	××

注：××表示最小镗孔直径数值，可由制造厂自定。

5) 小孔径微调镗刀(TW)

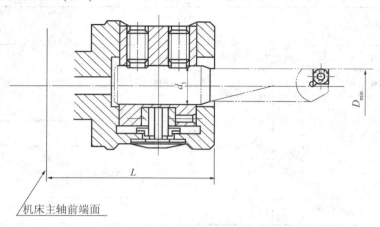

机床主轴前端面

图 11　小孔径微调镗刀

表 12　小孔径微调镗刀尺寸表　　　　　　　　　mm

小孔径微调镗刀型号	工作长度 L (参考)	d_1	最小镗孔直径 D_{min}
TW16	65～90	16	3

6) 80° 双刃镗刀(TS80)

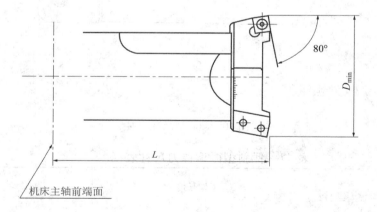

机床主轴前端面

图 12　80°双刃镗刀

表 13　80°双刃镗刀尺寸表　　　　　　　　　mm

80°双刃镗刀型号	工作长度 L (参考)	最小镗孔直径 D_{min}
TS80××	85～110	××
TS80××	105～125	××

注：××表示最小镗孔直径数值，可由制造厂自定。

7) 90°双刃镗刀(TS90)

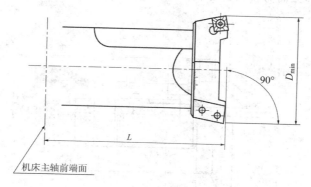

图 13　90°双刃镗刀

表 14　90°双刃镗刀尺寸表
mm

90°双刃镗刀型号	工作长度 L(参考)	最小镗孔直径 D_{min}
TS90××	85～110	××
TS90××	105～125	××

注：××表示最小镗孔直径数值，可由制造厂自定。

8) 三面刃铣刀的刀柄(刀杆尺寸按 DIN6360：1983(XS))

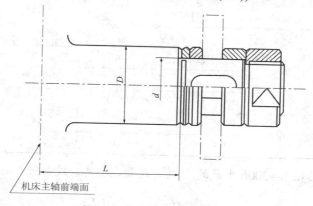

图 3-14　三面刃铣刀的刀柄

表 15　三面刃铣刀刀柄尺寸表
mm

三面刃铣刀刀柄型号	铣刀定心直径 d(h6)	D	工作长度 L（参考）	平键	螺母螺纹
XS16	16	27		4×4	M14×1.5
XS22	22	34		6×6	M20×1.5
XS27	27	41	90～150	7×7	M24×2.0
XS32	32	47		8×8	M30×2.0
XS40	40	55		10×10	M36×3.0

9) 套式面铣刀和三面刃铣刀的刀柄(刀杆附件尺寸按 ISO10643(XSL))

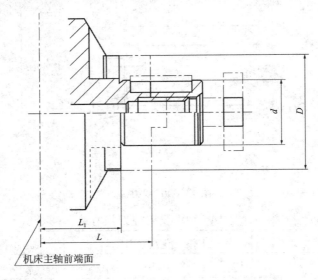

图 15　三面刃铣刀的刀柄

表 16　套式面铣刀和三面刃铣刀的刀柄尺寸表　　　　mm

套式面铣刀和三面刃铣刀刀柄型号	工作长度 L（参考）	d (h6)	D	$L-L_1$	平键
XSL16	60	16	32	10	4×4
XSL22		22	40	12	6×6
XSL27		27	48	12	7×7
XSL32		32	58	14	8×8
XSL40	70	40	70	14	10×10
XSL50		50	90	16	12×12

10) 按 GB/T 5342.1—2006 生产的 A 类、B 类、C 类套式面铣刀的刀柄(XMA、XMB、XMC)

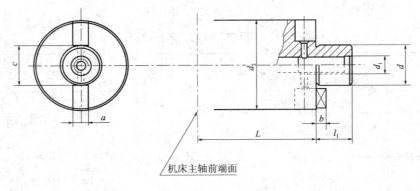

图 16　A 类套式面铣刀的刀柄

表17 A类套式面铣刀的刀柄尺寸表

mm

A类面铣刀刀柄型号	工作长度 L（参考）	d (h6)	d_2	d_1	l_1	a	b	c
XMA22	35～50	22	40	M10	19	10	5.6	22.5
XMA27	45～60	27	48	M12	21	12	6.3	28.5
XMA32	50～60	32	58	M16	24	14	7	33.5

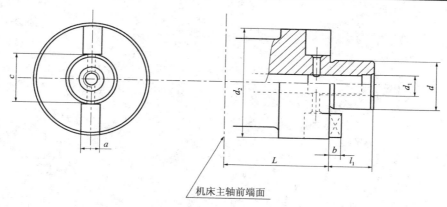

机床主轴前端面

图17 B类套式面铣刀的刀柄

表18 B类套式面铣刀的刀柄尺寸表

mm

B类面铣刀刀柄型号	工作长度 L（参考）	d (h6)	d_2	d_1	l_2	a	b	c
XMB27	45～60	27	60	M12	21	12	6.3	30.5
XMB32	45～60	32	78	M16	24	14	7	33.5
XMB40		40	89	M20	27	16	8	44.5
XMB50	45～70	50	120	M24	30	18	9	55

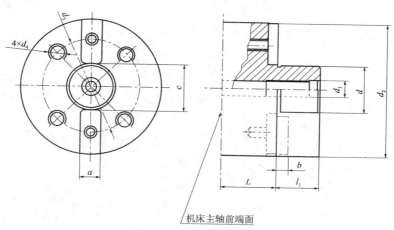

机床主轴前端面

图18 C类套式面铣刀的刀柄

表 19　C 类套式面铣刀的刀柄尺寸表　　　　　　　mm

C 类面铣刀刀柄型号	工作长度 L (参考)	d (h6)	d_2	d_1	d_3	d_4	l_1	a	b	c
XMC40	50～60	40	89	M20	66.7	M12	27	16	8	44.5
XCM60	75	60	130	M30	101.6	M16	40	25.4	12.5	65

附录4　车工中级工职业标准

表20　车工中级工职业标准

职业功能	工作内容		技能要求	相关知识
一、工艺准备	(一)读图与绘图		1．能读懂主轴、蜗杆、丝杠、偏心轴、两拐曲轴、齿轮等中等复杂程度的零件工作图； 2．能绘制轴、套、螺钉、圆锥体等简单零件的工作图； 3．能读懂车床主轴、刀架、尾座等简单机构的装配图	1．复杂零件的表达方法； 2．简单零件工作图的画法； 3．简单机构装配图的画法
	(二)制定加工工艺	普通车床	1．能读懂蜗杆、双线螺纹、偏心件、两拐曲轴、薄壁工件、细长轴、深孔件及大型回转体工件等较复杂零件的加工工艺规程； 2．能制定使用四爪单动卡盘装夹的较复杂零件、双线螺纹、偏心件、两拐曲轴、细长轴、薄壁件、深孔件及大型回转体零件等的加工顺序	使用四爪单动卡盘加工较复杂零件、双线螺纹、偏心件、两拐曲轴、细长轴、薄壁件、深孔件及大型回转体零件等的加工顺序
		数控车床	能编制台阶轴类和法兰盘类零件的车削工艺卡。主要内容有： (1) 能正确选择加工零件的工艺基准； (2) 能决定工步顺序、工步内容及切削参数	1．数控车床的结构特点及其与普通车床的区别； 2．台阶轴类、法兰盘类零件的车削加工工艺知识； 3．数控车床工艺编制方法
	(三)工件定位与夹紧		1．能正确装夹薄壁、细长、偏心类工件； 2．能合理使用四爪单动卡盘、花盘及弯板装夹外形较复杂的简单箱体工件	1．定位夹紧的原理及方法； 2．车削时防止工件变形的方法； 3．复杂外形工件的装夹方法
	(四)刀具准备	普通车床	1．能根据工件材料、加工精度和工作效率的要求，正确选择刀具的形式、材料及几何参数； 2．能刃磨梯形螺纹车刀、圆弧车刀等较复杂的车削刀具	1．车削刀具的种类、材料及几何参数的选择原则； 2．普通螺纹车刀、成形车刀的种类及刃磨知识
		数控车床	能正确选择和安装刀具，并确定切削参数	1．数控车床刀具的种类、结构及特点； 2．数控车床对刀具的要求

职业功能	工作内容		技能要求	相关知识
一、工艺准备	(五) 编制程序	数控车床	1. 能编制带有台阶、内外圆柱面、锥面、螺纹、沟槽等轴类、法兰盘类零件的加工程序； 2. 能手工编制含直线插补、圆弧插补二维轮廓的加工程序	1. 几何图形中直线与直线、直线与圆弧、圆弧与圆弧的交点的计算方法； 2. 机床坐标系及工件坐标系的概念； 3. 直线插补与圆弧插补的意义及坐标尺寸的计算； 4. 手工编程的各种功能代码及基本代码的使用方法； 5. 主程序与子程序的意义及使用方法； 6. 刀具补偿的作用及计算方法
	(六) 设备维护保养	普通车床	1. 能根据加工需要对机床进行调整； 2. 能在加工前对普通车床进行常规检查； 3. 能及时发现普通车床的一般故障	1. 普通车床的结构、传动原理及加工前的调整； 2. 普通车床常见的故障现象
		数控车床	1. 能在加工前对车床的机、电、气、液开关进行常规检查； 2. 能进行数控车床的日常保养	1. 数控车床的日常保养方法； 2. 数控车床操作规程
二、工件加工	普通车床	(一) 轴类零件的加工	能车削细长轴并达到以下要求： (1) 长径比：$L/D \geqslant 25 \sim 60$； (2) 表面粗糙度：Ra 3.2 μm； (3) 公差等级：IT9； (4) 直线度公差等级：IT9～IT12	细长轴的加工方法
		(二) 偏心件、曲轴的加工	能车削两个偏心的偏心件、两拐曲轴、非整圆孔工件，并达到以下要求： (1) 偏心距公差等级：IT9； (2) 轴颈公差等级：IT6； (3) 孔径公差等级：IT7； (4) 孔距公差等级：IT8； (5) 轴心线平行度：0.02/100 mm； (6) 轴颈圆柱度：0.013 mm； (7) 表面粗糙度：Ra 1.6 μm	1. 偏心件的车削方法； 2. 两拐曲轴的车削方法； 3. 非整圆孔工件的车削方法
		(三) 螺纹、蜗杆的加工	1. 能车削梯形螺纹、矩形螺纹、锯齿形螺纹等； 2. 能车削双头蜗杆	1. 梯形螺纹、矩形螺纹及锯齿形螺纹的用途及加工方法； 2. 蜗杆的种类、用途及加工方法
		(四) 大型回转表面的加工	能使用立车或大型卧式车床车削大型回转表面的内外圆锥面、球面及其他曲面工件	在立车或大型卧式车床上加工内外圆锥面、球面及其他曲面的方法

职业功能	工作内容		技能要求	相关知识
	数控车床	(一) 输入程序	1. 能手工输入程序； 2. 能使用自动程序输入装置； 3. 能进行程序的编辑与修改	1. 手工输入程序的方法及自动程序输入装置的使用方法； 2. 程序的编辑与修改方法
		(二) 对刀	1. 能进行试切对刀； 2. 能使用机内自动对刀仪器； 3. 能正确修正刀补参数	试切对刀方法及机内对刀仪器的使用方法
		(三) 试运行	能使用程序试运行、分段运行及自动运行等切削运行方式	程序的各种运行方式
		(四) 简单零件的加工	能在数控车床上加工外圆、孔、台阶、沟槽等	数控车床操作面板各功能键及开关的用途和使用方法
三、精度检验及误差分析	(一) 高精度轴向尺寸、理论交点尺寸及偏心件的测量		1. 能用量块和百分表测量公差等级 IT9 的轴向尺寸； 2. 能间接测量一般理论交点尺寸； 3. 能测量偏心距及两平行非整圆孔的孔距	1. 量块的用途及使用方法； 2. 理论交点尺寸的测量与计算方法； 3. 偏心距的检测方法； 4. 两平行非整圆孔孔距的检测方法
	(二) 内外圆锥的检验		1. 能用正弦规检验锥度； 2. 能用量棒、钢球间接测量内、外锥体	1. 正弦规的使用方法及测量计算方法； 2. 利用量棒、钢球间接测量内、外锥体的方法与计算方法
	(三) 多线螺纹与蜗杆的检验		1. 能进行多线螺纹的检验； 2. 能进行蜗杆的检验	1. 多线螺纹的检验方法； 2. 蜗杆的检验方法

参 考 文 献

[1]　史朝辉，李俊涛. 金属加工实训[M]. 北京：北京理工大学出版社，2009.

[2]　陆剑中，孙家宁. 金属切削原理与刀具[M]. 北京：机械工业出版社，2005.

[3]　黄雨田，殷雪艳. 机械制造技术[M]. 西安：西安电子科技大学出版社，2008.

[4]　鲁昌国. 金属切削原理与刀具[M]. 北京：国防科技大学出版社，2010.

[5]　郑修本. 机械制造工艺学[M]. 北京：机械工业出版社，2011.

[6]　王启仲. 金属切削原理与刀具[M]. 北京：机械工业出版社，2008.

[7]　乐兑谦. 金属切削刀具[M]. 北京：机械工业大学出版社，2003.

[8]　王永国. 金属加工刀具及其应用[M]. 北京：机械工业出版社，2011.

[9]　刘苍林，崔德敏. 金属切削机床 [M]. 天津：天津大学出版社，2009.

[10]　陈红霞. 机械制造工艺学[M]. 北京：北京大学出版社，2010.

[11]　黄雨田. 金属切削原理与刀具实训教程 [M]. 西安：西安电子科技大学出版社，2006.

[12]　刘红普. 特种机械加工技术[M]. 北京：北京理工大学出版社，2010.

[13]　王先逵. 机械加工工艺手册单行本：齿轮、涡轮蜗杆、花键加工[M]. 北京：机械工业出版社，2008.

[14]　张兰萍，杨生元. 深孔加工中切削参数的选择[J]. 机械研究与应用，2008.21(3): 121-124.

[15]　王世清. 深孔加工技术[M]. 西安：西北工业大学出版社，2003.

[16]　王济宁. 齿轮加工工艺、质量检测与通用标准规范全书[M]. 北京：金版电子出版社，2003.